国家开放大学
THE OPEN UNIVERSITY OF CHINA

数控自动编程实训

SHUKONG ZIDONG BIANCHENG SHIXUN 　　杨海东　编

U0209236

中央广播电视大学出版社
北 京

图书在版编目（CIP）数据

数控自动编程实训 / 杨海东编 . —北京：中央广播电视
大学出版社，2013.7

ISBN 978 - 7 - 304 - 06229 - 3

Ⅰ.①数…　Ⅱ.①杨…　Ⅲ.①数控机床 - 程序设计 -
开放大学 - 教材　Ⅳ.①TG659

中国版本图书馆 CIP 数据核字（2013）第 149423 号

版权所有，翻印必究。

数控自动编程实训

杨海东　编

出版·发行：中央广播电视大学出版社

电话：营销中心 010 - 58840200　　　　　总编室 010 - 68182524

网址：http://www.crtvup.com.cn

地址：北京市海淀区西四环中路 45 号　　邮编：100039

经销：新华书店北京发行所

策划编辑：李永强　　　　　　　　　　版式设计：赵　洋

责任编辑：申　敏　　　　　　　　　　责任校对：王　亚

责任印制：赵联生

印刷：北京市大天乐投资管理有限公司　印数：0001 - 5000

版本：2013 年 7 月第 1 版　　　　　　 2013 年 7 月第 1 次印刷

开本：787 × 1092　1/16　　　　　　　印张：12.75　　字数：283 千字

书号：ISBN 978 - 7 - 304 - 06229 - 3

定价：25.00 元

（如有缺页或倒装，本社负责退换）

为了配合国家开放大学数控技术专业的教学，国家开放大学与机械工业教育发展中心合作，共同组织编写了数控技术专业系列教材。该系列教材以职业为导向，以学生为中心，以基础理论教学"必须、够用"为度，突出实践技能教学的地位，旨在培养学生具有一定的工程技术应用能力，以适应职业岗位实际工作的需要。

数控机床自 20 世纪 50 年代诞生以来，已经历了从电子管、晶体管、集成电路到小型计算机、微型计算机五代的演变，并随着各种先进技术的迅猛发展而向着基于工业计算机的第六代迈进。数控机床在现代制造业中的广泛使用使数控技术已成为促进国民经济健康发展不可或缺的因素，同时它也成为一个国家制造能力的象征。

随着高等教育国民化，以及我国现代制造业的迅速崛起，对数控机床技术应用型人才的需求更加迫切，针对这种社会需求的变化，有必要进一步加强数控技术人才的培养，需在讲解数控技术理论的同时，加强实用的操作性知识的讲授，加深学生对数控技术的理解。本书就是基于先进技术 CAM（Computer Aided Manufacturing，计算机辅助制造）的理论基础，为增强实践操作的目的而编写的，可作为《CAD/CAM 软件应用》（杨海东主编，中央广播电视大学出版社，2011 年）的配套实训教材。

鉴于目前中职、高职、大专院校的数控加工技术课程的普遍开展，实践教材始终跟不上教学的发展，因此，编写和发行专门的实训教材就显得尤为重要和急迫。

本书以 Mastercam 为 CAM 应用软件基础，要求学生在具备并掌握一定 CAM 理论知识的基础上，通过本书的实例分析和讲解，理解并重点掌握数控自动编程加工、生产实践中的图纸转换、自动编程工艺分析、刀具分析、刀具参数表以及自动编程步骤，并能设计和编制以降低生产成本、提高加工效率为原则的优化、合理，并符合实际生产的刀具路径。

本书共分 7 章，各章主要内容如下：

第 1 章为"导论"，主要介绍在数控实际生产加工中自动编程的意义及发展前景。

第 2 章为"二维轮廓铣削加工自动编程实训及实例应用"，主要介绍开放、半开放、封闭等二维轮廓铣削加工的自动编程实训及实例应用。

第 3 章为"平面型腔及平面铣削加工自动编程实训及实例应用"，主要介绍开放、半开放、封闭、凸起等各种平面型腔、平面铣削加工的自动编程实训及实例应用。

第 4 章为"孔系零件加工的自动编程实训及实例应用"，主要介绍单孔、多孔、排孔、台阶孔等孔系零件加工的自动编程实训及实例应用。

第 5 章为"刀具路径变换、修剪实训及实例应用"，主要介绍对编制好的刀具路径进行旋转、平移、镜像、矩阵等变换和修剪操作的实训及实例应用。

第 6 章为"三维实体（曲面）铣削加工自动编程实训及实例应用"，主要介绍曲面及三维实体铣削加工的自动编程实训及实例应用。

第 7 章为"数控车削自动编程实训及实例应用"，主要介绍普通外圆、螺纹、退刀槽等形状的直接加工和循环自动编程实训及实例应用。

本书精心设计和精选了部分自动编程生产零件，这些实例均是采用生产实际中的原型或经少量修改而成的实习模拟件，因此具有较高的生产、教学实用价值，尤其是三维零件非常适用于自动编程加工。编者在工作实践中积累了不少的经验，刀具路径、程序的编制也更娴熟、实用，所以深知 Mastercam 重心之所在。编者将实践经验融于此书，以期对机械加工制造行业和数控教学的发展有所补益，也诚恳地希望与同行人士携手并进，促进数控制造技术的发展，并能成为数控技术人员的良师益友。

本书内容切合实际，实例丰富，涉及面广，具有较高的生产实用价值，适用于机械加工、数控培训教学等参考之用。

本书第 1 章至第 3 章由陕西航空技师学院吴颖讲师编写，第 4 章至第 7 章由陕西航空技师学院杨海东高级实习指导教师编写，全书由陕西航空技师学院杨琳高级实习指导教师主审。在此，对以上老师表示感谢。

由于编写时间仓促，水平和经验有限，书中难免有欠妥和错误之处，恳请读者指正。

编　者

2013 年 5 月

目 录

CONTENTS

I

第1章

导　论

了解数控自动编程实训课程的性质、任务和主要内容概述，掌握数控自动编程在实践操作中的应用和需要注意的问题。

- 本课程的性质、任务和主要内容概述。
- 数控自动编程的概念、在实际加工中的应用及未来发展状况。
- 数控自动编程在实践操作中的程序存储加工与 DNC 加工。
- 数控自动编程在实践操作中应注意的问题。
- 本课程的学习方法。

1.1 本课程的性质、任务和主要内容概述

1.1.1 本课程的性质和任务

数控自动编程实训课程是数控技术专业必修的一门专业技术应用课程，其内容由数控铣削（加工中心）、数控车削两大部分组成。其中，数控铣削部分由四大模块组成，分别是二维铣削加工、钻削加工、三维铣削加工和辅助功能模块；数控车削部分由两大模块组成，分别是普通车削加工和循环车削加工。通过本课程的学习，学生能掌握数控自动编程在实际应用和实践操作中的基本技能，及中等复杂、复杂零件的编程加工，并能运用所学知识和技能解决生产岗位上有关数控自动编程实践应用方面的问题。

1.1.2 本课程的教学主要内容

本课程的教学主要内容包括：

（1）数控自动编程加工的工艺分析、制定和自动编程实践中的图纸转换。

（2）二维铣削加工自动编程实践中的加工工艺、路线、刀具补偿的实际应用场合和范围、切削参数等问题。

（3）平面型腔、平面铣削加工自动编程实践中的加工工艺、路线、加工切削方法以及对封闭型腔、开口型腔、锥度变形型腔的加工方法。

（4）孔系零件加工工艺、路线、刀具排列分配表及它们在自动编程实践中的具体应用。

（5）自动编程实践中刀具路径的转换、修剪及其在实践中的具体应用方法。

（6）三维实体、曲面加工中的自动编程实践应用，重点是各种曲面在实际加工中表面质量（粗糙度）的控制，合理的走刀路线、形式的确定，二维、三维配合加工方法，各种曲面加工方法所适用的场合和范围。

（7）数控车床中自动编程加工工艺、路线、加工方法，重点是加工步骤的合理分配，普通车削和循环切削的实际编程应用。

1.2 数控自动编程的概念、在实际加工中的应用及未来发展状况

数控加工的程序编制主要有两种方式：一种是手工编程，另一种是自动编程。手工编程适用于零件形状简单的平面轮廓、简单的平面型腔及小型孔系零件，以及数控车床中的简单轴类零件。而对于复杂的二轴、二轴半、三轴及三轴以上的数控加工程序，就只能用自动编程软件来完成了。自动编程软件一般均是 CAD（Computer Aided Design，计算机辅助设计）和 CAM（Computer Aided Manufacturing，计算机辅助制造）的高度集成，故一般零件加工的基本过程是：

（1）分析图纸和被加工零件。分析图纸和被加工零件的具体内容包括：

① 分析加工表面。

② 确定加工方法。

③ 确定程序原点及工件坐标系。

（2）对待加工表面及其约束面进行 CAD 数字造型（建模）。

（3）确定数控自动编程加工的工艺步骤，并选择合适的刀具及切削参数。

（4）采用合适的自动编程加工方式进行刀具路径生成及刀具路径编辑（CAM）。

① 粗加工刀具路径及余量分配。

② 半精加工刀具路径及余量分配。

③ 精加工刀具路径。

（5）刀具路径校检和验证。

（6）后置处理、生成加工程序。

（7）程序传输存储或在线加工。

自动编程避免了手工编程易出错、烦琐的问题，提高了加工程序的准确度、正确性、编程效率，并可完成大量在手工编程中无法完成的工作。尤其是在综合度较高、曲面型面、多轴加工中，自动编程的优点更为突出。

目前，CAM 软件已基本上做到了以零件模型为基础，进行人工设定所需要的加工方式，每种加工方式中匹配适当的加工参数，软件通过计算得到加工刀具路径，实体模拟加工、校检后无错误，再通过后置处理自动生成加工程序。而未来的 CAM 软件将以零件模型为核心，同时做到以知识类型加工，即只要告诉以何种方式加工，其参数、路径就可自动建立，并提供几种可选择的优化路径，只需选择即可。这就相当于以老工程师、经验丰富的编程员的思路和模式来编程加工，并同时将零件模型和刀具路径进行捆绑约束，造型的任何变化都将会使刀路自动更新。今后 CAM 软件的发展方向是对刀具材料、强度和温度所影响的刀具变形，以及材料久切、过切的情况进行真实模拟并修改刀具路径，用以完全模拟真实加工环境所带来的各种影响，并通过软件予以消除。

1.3　数控自动编程在实践操作中的程序存储加工与 DNC 加工

由于在进行综合零件加工或者复杂曲面加工时，自动编程软件处理出的加工程序较长，少则几百行，多则几十万行，因此，已不再可能通过机床控制面板手工输入程序。目前，数控机床提供以下几种程序传输方式。

（1）程序传入机床存储加工。这种方式主要针对一万行以内的加工程序，即将程序通过机床 RS232 接口或局域网传输到机床内部存储器予以保存，以便今后在使用时随时可以调出加工。

（2）程序以 PCMCIA（Personal Computer Memory Card International Association，计算机内

存卡国际联合会）卡或软盘作为介质载体，加工时调用 PCMCIA 卡或软盘上存储的程序进行加工。这种方式较为方便，但大部分机床并不具备 PCMCIA 卡插槽和软盘驱动器。

（3）程序通过 RS232 接口或局域网进行 DNC（Distributed Numerical Control，分布式数控）在线加工。这种方式在将电脑与机床的通信端口用通信电缆（专用）连接后，使用专用的通信软件（如 Winpcin 软件）边传输程序代码边进行加工，机床接收一定量的代码数据后进行加工，且在加工过程中继续接收代码，加工不停止，加工过的程序代码随时丢弃。这种方式适用于大型程序的加工，在理论上，程序容量无限制。

1.4 数控自动编程在实践操作中应注意的问题

在实践操作中，应用数控自动编程须注意以下问题。

1. 工艺分析

（1）零件图形分析。

（2）零件结构工艺分析及处理。

（3）零件毛坯工艺分析。

2. 零件图形的数学处理及建立模型

（1）零件图纸和加工图的转换。

（2）零件实体的建模及辅助图形的数学处理。

（3）起刀、进刀、退刀工艺问题的处理。

（4）加工顺序路线的处理。

3. 刀具集中或工艺原则的应用

（1）尽量使零件上能够用相同刀具加工的部位一次加工完成，避免重复更换相同的刀具。

（2）在工步集中的情况下应集中处理，避免各工步间因重复调换刀具而带来接刀问题。

（3）以上这两个原则冲突时，应以刀具集中优先，并尽量工步集中。

1.5 本课程的学习方法

以 CAD/CAM 软件为应用基础，结合手工编程，充分与数控加工实践操作相衔接，以本课程所述加工方法和实例去指导实践，并通过实践操作来反复总结、领会。

模拟自测题（一）

1. 目前数控机床提供哪几种常见的程序传输方式？
2. 实践操作中，应用数控自动编程需注意哪些问题？

第2章

二维轮廓铣削加工自动编程
实训及实例应用

 学习目标

　　着重掌握二维轮廓铣削的数控自动编程加工工艺分析，熟练使用 CAM 软件（本书以 Mastercam 的使用来介绍）对各种常见、特殊的二维轮廓进行数控铣削编程和加工。

 内容提要

- 二维轮廓铣削的概念及范畴。
- 二维轮廓铣削的分类及图纸转换。
- 刀具半径补偿参数方式及实践应用。
- 二维轮廓铣削自动编程加工的工艺分析及编制。
- 二维轮廓普通外形（封闭、开口）类零件的加工实例。
- 二维轮廓窄槽类零件的加工实例。
- 特殊平面型腔类（复合斜面）零件转化为二维轮廓的加工实例。
- 整圆铣削加工实例。
- 二维轮廓铣削加工实践与操作类综合零件的自动编程与机床操作。

2.1 二维轮廓铣削的概念及范畴

2.1.1 二维轮廓铣削的概念

二维轮廓铣削是指对一平面内一系列首尾相接的曲线集合的加工。轮廓在总体上分为开放型［见图 2 - 1（a）］和封闭型［见图 2 - 1（b）］。二维轮廓铣削自动编程加工，一般是对轮廓自身进行加工。

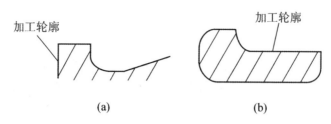

图 2 - 1　开放型和封闭型二维轮廓示例

（a）开放型；（b）封闭型

在 Mastercam 软件中，二维轮廓铣削的自动编程主要是用 Contour（二维轮廓铣削）命令完成的，即通过该命令建立各种轮廓加工的刀具路径，如图 2 - 2 所示。

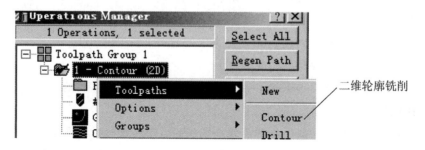

图 2 - 2　利用 Contour 命令建立二维轮廓铣削

2.1.2 二维轮廓铣削的范畴

在划分某种零件是二维轮廓铣削还是平面型腔铣削时，界线并不是很明确。如图 2 - 3（a）所示，该零件是典型的二维轮廓铣削，而如图 2 - 3（b）所示的零件也可以用平面型腔铣削编程加工，但其加工程序长，程序可控制性相对较差。因此，判断或区分二维轮廓铣削和平面型腔铣削的一个重要标志在于"零件的残余（被切）材料最大宽度是否小于 $3D$（D 为最大可用刀具直径）"，若小于，则属于二维轮廓铣削。在图 2 - 3（b）中，最大型腔宽度为 18 mm，而 18 mm < 3 × 10 mm，因此判断为二维轮廓铣削。而对于图 2 - 4 所示的零件，最宽距离为 40 mm，远大于最大使用刀具直径 6 mm 的三倍，并且形状不规则，手工设计加工路线比较麻烦，因此采用平面型腔铣削。

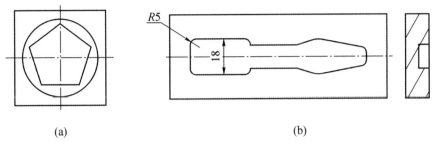

(a)　　　　　　　　　　　　　　　　(b)

图 2 - 3　二维轮廓铣削和平面型腔铣削的区别示例（1）

（a）五边形凸台；（b）窄型槽

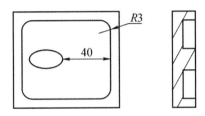

图 2 - 4　二维轮廓铣削和平面型腔铣削的区别示例（2）

对于形状简单的平面型腔，只要刀具路径的设计不是太复杂，应尽量采用二维平面轮廓铣削，其优点是程序长度短，尺寸、形位公差易于控制和调整。

2.2　二维轮廓铣削的分类及图纸转换

2.2.1　二维轮廓铣削的分类

二维轮廓铣削在构成方式上分为以下几类。

1. 开放型轮廓

开放型轮廓是指起点和终点并不重合的二维轮廓。如图 2 - 5 所示的零件是由一系列曲线组成的一个开放型二维平面轮廓。如图 2 - 6 所示，曲线串 A 和曲线串 B 分别为两组曲线，但在编程时需将它们连接起来，构成一个完整的曲线串，并且两端不封闭。

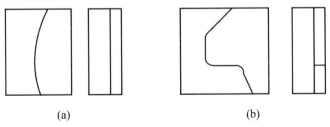

(a)　　　　　　　　　　　　　　(b)

图 2 - 5　开放型轮廓示例（1）

（a）单条曲线开放轮廓；（b）多条曲线开放轮廓

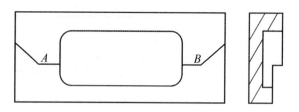

图 2-6 开放型轮廓示例（2）

2. 封闭型轮廓

封闭型轮廓是指起点和终点重合的二维轮廓。这类轮廓又分为以下几种。

（1）不交叉内封闭轮廓。这类轮廓主要是指在各曲线轮廓之间无交叉，且铣削材料均在工件平面内部。在对这种零件进行自动编程的过程中，须注意起刀点和切入/切出路线的设计以及走刀路线的设计，如图 2-7 所示。

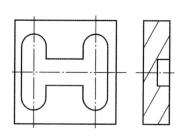

图 2-7 不交叉内封闭轮廓

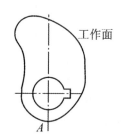

图 2-8 不交叉外封闭轮廓

（2）不交叉外封闭轮廓。这类轮廓主要是指在各曲线轮廓之间无交叉，但铣削材料相对于外形在外侧，这也是最常见的一种二维封闭轮廓，如图 2-3（a）和图 2-8 所示。这类零件的自动编程较为灵活，并无多大限制。但须注意的是，起刀点不要放在任意点，而应选择一个特殊点，且不影响零件的工作性能和外观。例如，图 2-8 所示零件的起刀点应选在 A 点，而不应放在其他点。这是因为凸轮在 A 点位置附近为过渡段，其余位置为升起、降落和工作面。而在这些面如果有明显的接刀痕迹，将严重影响凸轮和顶杆的工作状态及工作平稳性。

（3）交叉二维轮廓。这类轮廓在平面视图内有一定的交叉，因此在二维轮廓铣削编程中一般将这类零件图予以分解，按工步进行编程，最后在程序后置处理输出时合并程序。在分解过程中应注意分解后的加工顺序、铣削顺序、顺逆铣削及余量的均匀分配。如图 2-9 所示，将六边形补全为一单独的不交叉外封闭轮廓零件，中间圆弧槽单独加工并调整刀具补偿，保证尺寸公差。而不应将这类零件简单地处理为两个单独的不交叉外封闭轮廓零件加工。

3. 窄槽类二维轮廓

窄槽类二维轮廓在形式上分为开口窄槽类和封闭窄槽类。开口窄槽类二维轮廓的零件大

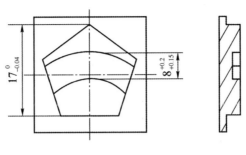

图 2-9　交叉二维轮廓

多为多个窄槽类零件的组合。这类零件的自动编程一定要与手工编程配合使用，以减少程序量和程序长度，增加程序的灵活性和可控性。在自动编程中，须重点注意起刀、进刀、退刀方式，如图 2-10 所示。

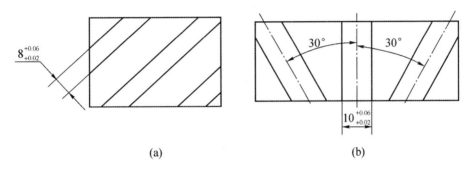

(a)　　　　　　　　　　　(b)

图 2-10　开口窄槽类二维轮廓的零件
(a) 同向开口窄槽；(b) 不同向开口窄槽

封闭窄槽类二维轮廓的零件大多为轴上键槽、平面凸轮槽等零件。在这类零件中，自动编程的重点是保证零件形状不久切、不过切，并且在零件工作面无接刀痕等外观质量的情况下，合理、正确地安排起刀点，选择切入/切出路线、加工路线及加工刀具等，如图 2-11所示。

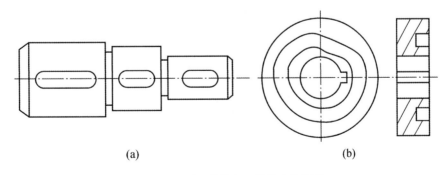

(a)　　　　　　　　　　　(b)

图 2-11　封闭窄槽类二维轮廓的零件
(a) 轴上键槽；(b) 平面凸轮槽

4. 复合斜面及带有拔模斜度的二维轮廓

复合斜面是指由某一平面绕 X 轴旋转一定角度后，再绕 Y 轴旋转另一角度而构成的被加工面。而带有一定拔模斜度的轮廓实际就是锥台或锥棱柱。带有这类轮廓的零件在自动编程中，须重点注意的问题是如何进行图纸分析与转换，将复杂问题转化为简单的平面二维轮廓。如图 2-12 所示的 30°和 45°的复合斜面及图 2-13 所示的四棱锥的加工，对这类零件，加工者最初都会误认为是对三维实体进行曲面加工编程，但实际简化后，配合手工编程技术就可以用几行或十几行程序来做到几千行程序才能做到的加工，同时这种程序的灵活性、可变性、可控性非常好。

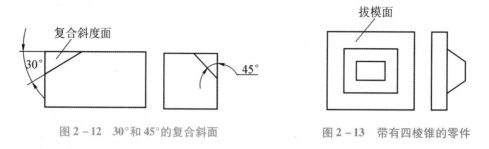

图 2-12　30°和 45°的复合斜面　　　　图 2-13　带有四棱锥的零件

5. 3D 外形

3D 外形是指在空间上首尾相连接的曲线集合（可开放，也可以封闭）。之所以将 3D 外形归为二维轮廓，是由于在自动编程中，3D 外形仍然用二维编程方法来加工，区别只是参数不同。对这类零件没有太多要求，只要按照 3D 路线进行实际刀路加工即可，如图 2-14 所示。

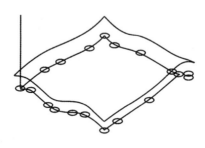

图 2-14　3D 外形

2.2.2　二维轮廓铣削自动编程时的图纸转换

在二维轮廓铣削自动编程时，首先要进行图纸分析，然后根据分析的结果，将产品进行数字处理，即完成数学模型的建立和三维建模。由于二维轮廓类型变化大，且在自动编程时，完全将产品图纸照模照样搬进 CAD/CAM 系统进行编程大多是不行的，因此，对产品图纸须进行适当的转换和增加编程辅助线，去掉没有必要的图线而采用与其他辅助线配合编程加工，或是直接修改为适当的计算机数字模型，这是非常重要的一步。图纸转换错误或不合理，将直接影响自动编程中的走刀路线、加工程序、加工效率、产品合格率。因此，将零件图纸转换为正确的自动编程加工图，是能否正确进行自动编程的关键所在。例如，图 2 - 6 和图 2 - 10（a）所示零件图纸转换为加工图后分别如图 2 - 15 和图 2 - 16 所示。

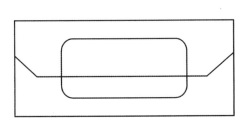 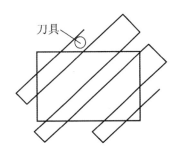

图 2 - 15　图 2 - 6 所示图纸的加工图　　　　图 2 - 16　图 2 - 10（a）所示图纸的加工图

而对图 2 - 11（b）所示的凸轮槽进行加工时，只需要以凸轮槽中心线来编制程序即可，其他图纸曲线均无意义。不同类型图纸转化的细节问题，将在实例中逐一讲解。

2.3　刀具半径补偿参数方式及实际应用

在自动编程实践应用中，Mastercam 软件在基本的左/右半径补偿方式（G41/G42）的基础上，分别对左/右补偿提供了 5 种刀具编程的补偿方式，如图 2 - 17 所示。

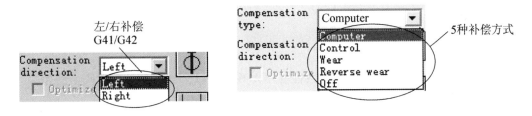

图 2 - 17　左/右半径补偿方式基础上的 5 种补偿方式

这 5 种补偿方式分别为：

1. 计算机内部补偿（Computer）

该方式采用计算机按编程刀具直径直接计算给定补偿值及方向后的补偿刀具路径。它与机床控制器中的刀具补偿寄存器内部值没有任何关联，并且在一般情况下，使用计算机内部补偿后就不能再使用机床控制器补偿方式了。这种补偿方式的特点是：

（1）该补偿方式一旦使用后，在实际加工中就必须使用与编制程序时采用的刀具半径一致的刀具（见图 2 - 18），否则将出现欠切（实际刀具半径小于编程用刀具，如图 2 - 19 所示）或过切（实际刀具半径大于编程用刀具，如图 2 - 20 所示）的现象。

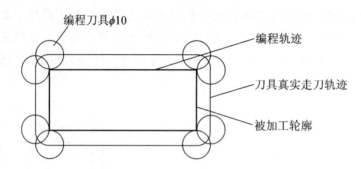

图 2-18 Computer 补偿方式下的刀具使用方法（编程刀具半径 = 实际用刀具半径）

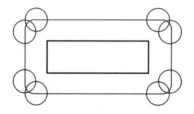

图 2-19 Computer 补偿方式下的欠切现象（编程刀具半径 > 实际用刀具半径）

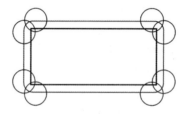

图 2-20 Computer 补偿方式下的过切现象（编程刀具半径 < 实际用刀具半径）

（2）使用该补偿方式后处理出的数控程序无 G41/G42 刀具自动补偿代码。例如：

%

O0000

N100 G54 G90 S800 M3

N102 G0 X-20. Y15.

N104 Z10. M8

N106 G1 Z-5. F25.

N108 X30. F50. ;   无刀具补偿代码即开始切削，无法调整刀具磨损量

…

N122 G2 X-20. Y15. R5. ;   无刀具补偿撤销代码

N124 G0 Z50.

N126 M30

%

（3）重点注意：该补偿方式在自动编程时，所指定的编程轨迹为工件应加工轮廓，但程序指令轨迹与应加工轮廓不重合。也就是说，编制出的程序内部指令的 X、Y 指令值与图纸标注尺寸不相符，分别增加或减少了一个刀具半径。

（4）这种补偿方式适用于刀具材料硬度比工件材料大很多的零件粗加工，并且是大或者极大批量定型产品的粗加工。

2. 控制器补偿（Control）

该补偿方式采用计算机按编程刀具直径计算给定补偿值及方向后的补偿刀具路径，但它与机床控制器中的刀具补偿寄存器内部值直接相关联。这种补偿方式的特点是：

（1）该补偿方式一旦使用后，在实际加工中完全可以使用与编制程序时采用的刀具半径不一致的刀具，只要指定机床补偿控制器中的刀具半径补偿 D 值和磨耗值，就可以修正真实走刀与加工轮廓之间的偏移距离。也就是说，自动编程使用刀具直径与真实加工使用的刀具无关，但编程时使用刀具直径应尽量与真实使用的刀具直径一致。这是由于在编程时需要加入引入/引出补偿线，而引入/引出圆弧的半径是根据编程使用刀具的直径来计算的，如果编程使用刀具半径过小，引入/引出圆弧的半径将较小（但也可人为修改大的半径），使用大直径刀具加工时，会产生无法切入的机床报警。

（2）用该补偿方式处理出的数控程序具有 G41/G42 刀具自动补偿代码。例如：

```
%
O0000
N100 G54 G90 S800 M3
N102 G0 X – 5. Y30.
N104 Z10. M8
N106 G1 Z – 5. F25.
N108 G41 D1 Y20. F50. ;        刀具左补偿代码
N110 G3 X5. Y10. R10.
N112 G1 X30.
N114 Y – 10.
N116 X – 20.
N118 Y10.
N120 X5.
N122 G3 X15. Y20. R10.
N124 G1 G40 Y30. ;             刀具补偿撤销代码
N126 G0 Z50.
```

N128 M30

%

（3）重点注意：该补偿方式在自动编程时，所指定的编程轨迹为工件应加工轮廓，程序指令轨迹与应加工轮廓完全重合，也就是编制出的程序内部指令的 X、Y 指令值与图纸标注尺寸完全一致。在机床执行指令时，通过 G41/G42 代码调用控制器中的对应刀具半径补偿 D 值，将自动偏移增加或减少一个刀具半径。当然，控制器中的 D 值即为真实用刀具半径值，真实使用刀具直径发生变化或者磨损后，只需要修改控制器中的刀具半径补偿 D 值或磨耗值即可，如图 2-21 所示。

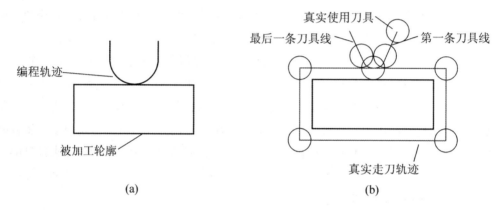

图 2-21 控制器补偿的刀具轨迹
（a）编程轨迹；（b）实际刀具走刀轨迹

（4）这种补偿方式适用于刀具会经常磨损、工件尺寸精度要求较高的粗、精加工。该补偿方式调整方便，程序可控制性好。

（5）在控制器补偿中，其补偿引入/引出线可采用人工和计算机自动两种方式建立，在补偿过程中，应注意第一条和最后一条刀具线应该而且必须是非切削工件轮廓状态，如图 2-21 所示。

3. 正方向线性磨损补偿（Wear）

该方式采用计算机按编程刀具直径计算给定补偿值及方向后的补偿刀具路径，但它与机床控制器中的刀具补偿寄存器内部值有一定的关联，主要根据在真实加工时使用的刀具和编程时使用的刀具直径是否相一致而决定。使用该补偿方式后，可以使用机床控制器中的刀具半径补偿 D 值来修正加工路径，也可以不使用。

这种补偿方式是将计算机内部补偿与控制器补偿的优点相结合的一种补偿，但也有它自身的一些特点：

（1）该补偿方式使用后，在实际加工中可以使用与编制程序时采用的刀具半径不一致的刀具，此时，在机床控制器中的刀具半径补偿 D 值就为编程刀具半径和真实使用刀具半径的差值。如果两者刀具半径一致，则 D 值为 0。用这种补偿方式编制出的程序在加工时一定要写清楚编程所用刀具半径值，并及时与操作者沟通。

（2）使用该补偿方式后处理出的数控程序具有 G41/G42 刀具自动补偿代码。例如：

```
%
O0000
N100 G54 G90 S800 M3
N 102 G0 X - 5. Y35.
N104 Z10. M8
N106 G1 Z - 5. F25.
N108 G41 D1 Y25. F50. ;          刀具左补偿代码
N110 G3 X5. Y15. R10.
N112 G1 X30.
N114 G2 X35. Y10. R5. ;          尖角自动加入圆弧过渡指令，圆弧半径为编程刀具半径
N116 G1 Y - 10.
N118 G2 X30. Y - 15. R5.
N120 G1 X - 20.
N122 G2 X - 25. Y - 10. R5.
N124 G1 Y10.
N126 G2 X - 20. Y15. R5.
N128 G1 X5.
N130 G3 X15. Y25. R10.
N132 G1 G40 Y35.                  刀具补偿撤销代码
N134 G0 Z50.
N136 M30
%
```

（3）重点注意：该补偿方式在自动编程时，所指定的编程轨迹为工件应加工轮廓，程序指令轨迹与应加工轮廓不重合，也就是编制出的程序内部指令的 X、Y 指令值与图纸标注尺寸不相符，分别增加或减少了一个刀具半径。由于处理出的程序具有 G41/G42 代码，因此在机床执行指令时，通过调用控制器中的对应刀具半径补偿 D 值，将自动偏移增加或减少一个编程刀具与真实使用刀具半径的差值，如图 2 - 22 所示。

（4）这种补偿方式适用于刀具不太经常磨损，但仍然对工件尺寸精度要求较高的粗、精加工。该补偿方式调整方便，程序可控制性好。

（5）在该补偿中，其补偿引入/引出线也可以采用人工和计算机自动两种方式建立，在补偿过程中，也应注意第一条和最后一条刀具线应该而且必须是非切削工件轮廓状态，如图 2 - 21 所示。

（6）这种方式在对零件的尖角进行加工时，将自动加入以编程刀具半径值为半径的过

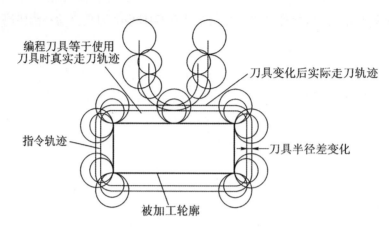

图 2 – 22　正方向线性磨损补偿的刀具轨迹

渡圆弧。这一点非常重要，这对在尖角加工中防止过切非常关键。如图 2 – 23 所示为计算机内部补偿、控制器补偿、正方向线性磨损补偿对尖角自动处理后的示意图。从图 2 – 23 中可以看出，计算机内部补偿与正方向线性磨损补偿的走刀路线虽然一样，但正方向线性磨损补偿带有 G41/G42 补偿代码，而控制器补偿在这种尖角情况下将会切出很远才拐回，假如有相邻加工部位，则有可能切伤工件。

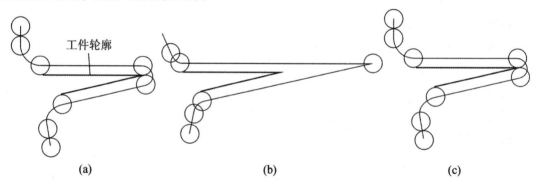

图 2 – 23　三种补偿方式在对尖角自动处理后的示意图

（a）计算机内部补偿；（b）控制器补偿；（c）正方向线性磨损补偿

4. 反方向线性磨损补偿（Reverse wear）

反方向线性磨损补偿同正方向线性磨损补偿方式的使用和特点完全一致，区别在于使用反方向线性磨损补偿处理输出的程序和正方向线性磨损补偿方式处理输出的程序在刀具补偿方向上相反，如果在正方向线性磨损补偿上使用左（G41）补偿，则反方向线性磨损补偿应输出右（G42）代码。

5. 禁止补偿（Off）

如果采用刀具中心与被加工图形轮廓及外形重合的方式编程，则必须使用禁止补偿。在该补偿方式中，所处理输出的程序中没有 G41/G42 刀具半径补偿代码，并且在实际切削中，刀具中心沿编程轨迹，即被加工图形轮廓走刀。这种方式主要用在槽类粗加工中，如图 2 - 24 所示。

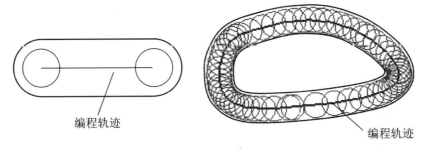

编程轨迹

编程轨迹

图 2 - 24　禁止补偿刀具轨迹示意图

2.4　二维轮廓铣削自动编程加工工艺分析及编制

2.4.1　二维轮廓铣削工艺分析和准备

2.4.1.1　二维轮廓铣削工艺分析

1. 零件加工图纸的工艺分析

（1）基准的适当转换及集中。对数控加工来说，最倾向于以同一基准标注尺寸或直接给出坐标尺寸。这种标注方法，既便于编程参数计算，也便于尺寸之间的相互协调，在一定程度上为保证设计、工艺、检测基准与编程原点设置的一致性带来了很大的方便。在实际工作中，零件设计人员往往在尺寸标注中较多地考虑装配使用等特性，而不得不采用局部分散的标注方法，这样会给工序安排与数控加工带来诸多不便。事实上，由于数控加工精度及重复定位精度都很高，不会因产生较大的积累误差而破坏使用特性，因而改动局部分散标注法为同基准标注或坐标式标注尺寸是完全可行的。

（2）构成零件轮廓几何元素的条件应充分。由于产品设计人员在设计过程中考虑不周，常常遇到构成零件轮廓几何元素的条件不充分或模糊不清的情况，有时所给出的条件又过于"苛刻"或自相矛盾，增加了数学处理与节点计算的难度，从而势必要进行尺寸公差协调。因此，构成零件轮廓几何元素的条件应充分这一点在自动编程过程中尤为重要。

（3）审查与分析定位基准的可靠性。数控铣削加工工艺特别强调定位加工，尤其对于正反两面都采用数控铣削加工的零件，以同一基准定位十分必要，否则很难保证两次定位装夹加工后，两个面上的轮廓位置及尺寸协调。因此，如零件本身有合适的孔，则最好用它来做定位基准孔，即使零件上没有合适的孔，也要想法专门设置工艺孔作为定位基准孔。如零件上无法做出工艺孔，则可以考虑以零件轮廓的基准边定位或在毛坯上增加工艺凸耳，打出工艺孔，完成定位加工后再去除工艺孔的方法。

2. 零件毛坯的工艺分析

对零件加工图纸进行工艺分析后，还应结合数控铣削的特点，对所用毛坯进行工艺分析。

（1）毛坯的加工余量是否充分，批量生产时的毛坯余量是否稳定。

（2）分析毛坯在安装定位方面的适应性。

（3）分析毛坯的余量大小及均匀性。

在对零件毛坯进行工艺分析时，主要应考虑：在加工时是否需要分层切削，分几层切削；加工中内应力的集中与变化；对高速切削加工造成的温度变形及加工后的变形程度，是否应采取预防性措施与补救措施。

3. 零件各加工部位的工艺分析

零件各加工部位的结构工艺性应符合数控加工的特点。

（1）零件的内腔和外形最好采用统一的几何类型和尺寸，尤其对于一整条轮廓上的尺寸公差，更应如此。这样可以减少刀具规格和换刀次数，使编程方便，效率提高。

（2）内槽圆角的大小决定刀具直径的大小，故内槽圆角半径不应过小。如图 2 – 25 和图 2 – 26 所示，零件工艺性的好坏与被加工轮廓的高低、转换圆弧半径的大小等有关。图 2 – 25 与图 2 – 26 相比，转接圆弧半径大，可以采用较大直径的铣刀来加工。加工平面时，减少进给次数，可以提高表面加工质量。通常圆角半径 $R < 0.2H$（H 为被加工零件轮廓面的最大高度）时，可以判定零件的该部位工艺性不好。

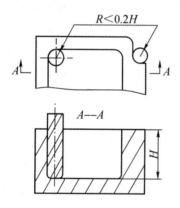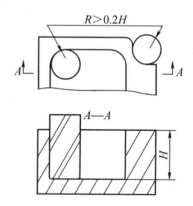

图 2 – 25　小转接圆弧加工工艺　　　　图 2 – 26　大转接圆弧加工工艺

（3）铣削零件底面时，槽底圆角半径 r 不应过大。如图 2 – 27 所示，圆角 r 越大，铣刀端刃铣削平面的能力越差；当 r 大到一定程度时，甚至必须用球头刀加工，应尽量避免这种情况。这是因为，铣刀与铣削平面接触的最大直径 $d = D - 2r$（D 为铣刀直径），当 D 一定时，r 越大，铣刀端刃铣削平面的面积越小，加工表面的能力越差，工艺性也越差。

（4）分析零件的形状及原材料的热处理状态，判断零件在加工过程中是否会变形，哪

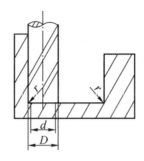

图 2-27　槽底圆角半径 r 与刀具关系示意图

些部位最容易变形，以及可以采取哪些工艺措施进行预防，加工后的变形问题采用什么工艺措施来解决等问题。

2.4.1.2　读图、识图、坐标系的确定

在进行零件自动编程的数学处理（建模）前，要对零件图进行读图和识图以及坐标系的确定。正确识别零件各基准，保证图纸设计基准、测量基准、编程基准和加工基准四个基准统一、重合的原则，称为四基准重合原则。在自动编程的计算机辅助设计过程之前，必须找出零件图中的这四个基准，才允许进行下一步工作。

如图 2-28 所示零件的读图、识图、坐标系的确定过程如下：

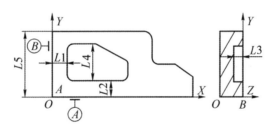

图 2-28　零件图示例

（1）设计基准分析。根据图 2-28，分析零件图的设计基准分别为 Ⓐ 和 Ⓑ，因此，坐标系 X 轴应该位于工件图示下边缘，Y 轴应该位于工件图示左边缘，两边缘交点 A 与两基准构成 XOY 面，如图 2-28 所示。

（2）测量基准分析。根据尺寸 L1 与 L2 标注及测量方式，可以确定内轮廓分别以左边缘和下边缘测量，同样可以确定工件图示左边缘和下边缘分别为工件坐系的 Y 轴和 X 轴。根据尺寸 L3 的标注与测量方式，确定工件将以上表面为测量基准，因此可以确定 XOY 面在 Z 轴的位置。根据这两次分析得到工件坐标系原点位于图示 A、B 点，做到了设计基准与测量基准的统一与重合。

（3）编程基准分析。编程坐标系必须与上述判断坐标系重合，因此编程坐标系原点也位于图示 A 点。对该零件图纸进行计算机辅助设计的过程中，零件 A 点必须位于坐标系原点，即（0，0）点。

（4）加工基准分析。在零件的实际加工过程中，确定该工件用平口机用虎钳进行装夹，那么如果基准④这一边紧贴虎钳活口，而另一边紧贴虎钳死口，如图 2 – 29（a）所示，则零件尺寸 L5 的公差势必会使基准④发生偏移，尺寸 L2 也就无法保证了，因此应将基准④紧贴虎钳死口。而图 2 – 29（a）也就转换为图 2 – 29（b）所示的形式，最终所得到的编程坐标系为 $X'OY'$，Z 轴零点不变。对于尺寸 L1 的控制可以采用定位块来限制，如图 2 – 29（b）所示。

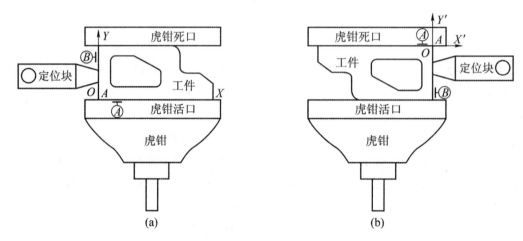

图 2 – 29　加工基准分析

（a）加工基准修改前；（b）加工基准修改后

2.4.1.3　粗、精加工安排及余量分配

在对二维轮廓类零件编程和加工时，粗、精加工的合理、有序安排及正确分配余量将直接影响零件的尺寸精度、形位公差及表面粗糙度。尤其对于加工质量要求较高的零件，应尽量将粗、精加工分开进行，或者再加入半精密加工，这是因为：

（1）零件在粗加工后会产生变形。变形的原因较多，如粗加工时夹紧力较大造成工件的弹性变形，粗加工时切削温度较高引起的热变形，毛坯受力并去除材料后引起的内应力重新分布而发生的变形等。如果同时或连续进行粗、精加工，就无法避免上述原因造成的加工误差。

（2）粗加工后，可及时发现零件主要表面上的毛坯缺陷，如裂纹、气孔、砂眼、杂质或加工余量不够等。可及时采取措施，避免浪费更多的工时和费用。

（3）粗、精加工分开，使零件有一段自然时效过程，以消除残余内应力，使零件的弹性变形和热变形完全或大部分恢复，必要时可以安排二次时效，以便在加工中心工序前消除变形影响，以保证加工质量。

（4）粗、精加工分开有利于长期保持机床精度，况且粗加工机床只用作粗加工，其效率也可以充分发挥。

（5）在某些情况下，如果零件加工精度要求不高，或新产品试制中属单件或小批量生产，则可把粗、精加工合并进行。或者加工较大零件，工件运输、装夹很费时，经综合比较后，在一台机床上完成某些表面的粗、精加工，并不会明显发生前述各种变形时，粗、精加工也可在同一台机床上完成，但粗、精加工应划分成两道工序分别完成。

（6）在具有良好冷却系统的加工中心上，对于毛坯质量高、加工余量较小、加工精度要求不高或批量很小的零件，可经过一次或两次装夹完成全部粗、精加工工序。

下面以如图 2 - 30 所示的零件为例，介绍如何在 Mastercam 软件中对二维轮廓铣削加工工件在余量大、精度高的情况下，进行外形和深度方向上的粗、精加工。

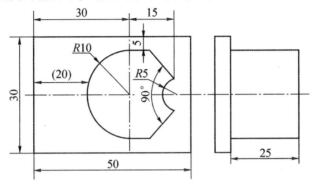

图 2 - 30　圆弧凸台加工

粗、精加工分析如下：

（1）粗加工的安排。如图 2 - 30 所示，在深度方向上，该零件由于受 $R5$ mm 的限制，因此刀具将不允许超过 $\phi10$ mm，否则该部分无法加工，同时零件深度又很大，在这种情况下，深度方向必须分层加工。因此，$R5$ mm 部分用 $\phi10$ mm 立铣刀，每层切削深度为 2 mm，到底层留 0.2 mm 余量用以精加工，其余部分采用 $\phi20$ mm 立铣刀周边铣削，每层切削深度为 5 mm，到底层留 0.2 mm 余量用以精加工。在 Mastercam 软件中激活 Contour parameters（外形铣削参数）对话框中的 Depth cuts（深度分层）选项，设置参数如图 2 - 31 所示，加工刀具路径如图 2 - 32 所示。

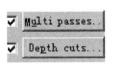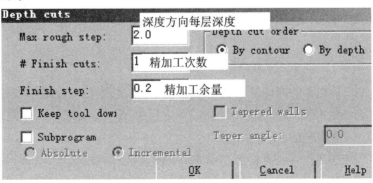

图 2 - 31　Depth cuts 选项的设置

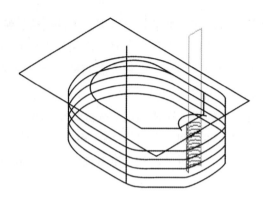

图 2 – 32　深度方向上的刀具路径

在外形方向上，根据该条件特点，应将 R5 mm 圆弧处忽略，以直线连接圆弧两端点形成完整的封闭外形，此时，零件外形加工刀具直径将不再受到限制，为提高加工效率，但又要保证刀具具有足够的强度，故采用 φ20 mm 刀具进行环切。由于 R10 mm 圆弧外侧最大余量尺寸为 20 mm，吃刀太深，因此，在外形方向应分三层进行粗加工，每层 7.5 mm，周边统一留 0.2 mm 用以外形统一精加工，R5 mm 处应安排以 φ10 mm 立铣刀进行至少两次外形方向的粗加工，每层 2 mm，留 0.2 mm 精加工余量。在 Mastercam 软件中激活 Contour parameters（外形铣削参数）对话框中的 Multi passes（分层）选项，设置参数如图 2 – 33 所示，加工刀具路径如图 2 – 34 所示。

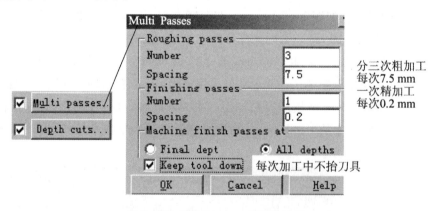

图 2 – 33　Multi passes 选项的设置

（2）精加工的安排。可以在深度和外形全部粗加工完成后安排底面和全部侧面进行精加工，侧面以 φ20 mm 立铣刀精加工，R5 mm 部分以 φ10 mm 立铣刀精加工。

（3）余量分配。

① 粗加工。深度方向上，用 φ20 mm 立铣刀每层切削 5 mm，φ10 mm 立铣刀每层切削 2 mm，余量均为精加工设置值 0.2 mm。

外形（径向）方向上，用 φ20 mm 立铣刀每层切削 7.5 mm，φ10 mm 立铣刀每层切削 2 mm，余量均为精加工设置值 0.2 mm。

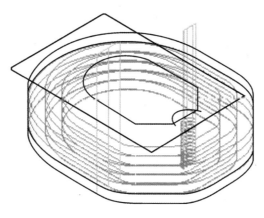

图 2-34 外形方向上的刀具轨迹

② 精加工。深度和外形方向均有 0.2 mm 加工余量，一次精修。

2.4.2 二维轮廓铣切入/切出加工路线分析

2.4.2.1 切入/切出路线的概念和方式

1. 进刀、退刀方式及进刀、退刀线的概念

进刀方式是指加工零件前，刀具接近工件表面的运动方式；退刀方式是指零件（或零件区域）加工结束后，刀具离开工件表面的运动方式。这两个概念对复杂表面的高精度加工来说是非常重要的。

进刀、退刀线是为了防止过切、碰撞和飞边，在切入前和切出后设置的，引入到切入点和从切出点引出的线。

2. 进刀、退刀方式及进刀、退刀线的确定

进刀、退刀方式有如下几种：

（1）沿坐标轴的 Z 轴方向直接进行进刀、退刀。该方式是数控加工中最常用的进刀、退刀方式。其优点是定义简单；缺点是在工件表面的进刀、退刀处会留下微观的驻刀痕迹，影响工件表面的加工精度。在铣削平面轮廓零件时，应避免在垂直零件表面的方向进刀、退刀。

（2）沿给定的矢量方向进行进刀或退刀。该方式需要先定义一个矢量方向来确定刀具进刀、退刀的运动方向，特点与方式（1）类似。

（3）沿曲面的切矢方向以直线进刀或退刀。该方式是从被加工曲面的切矢方向切入或切出工件表面。其优点是在工件表面的进刀、退刀处，不会留下驻刀痕迹，工件表面的加工精度高。如用立铣刀的端刃和侧刃铣削平面轮廓零件时，为了避免在轮廓的切入点和切出点处留下刀痕，应沿轮廓外形的切线方向切入和切出，切入点和切出点一般选在零件轮廓两几何元素的交点处。引入、引出线由相切的直线组成，这样可以保证加工出的零件轮廓形状平滑，如图 2-35 所示。

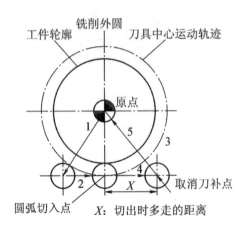

图 2 – 35　沿曲面的切矢方向以直线进刀或退刀

（4）沿曲面的法矢方向进刀或退刀。该方式是以被加工曲面切入点或切出点的法矢方向切入或切出工件表面。其特点与方式（1）类似。

（5）沿圆弧段方向进刀或退刀。该方式是刀具以圆弧段的运动方式切入或切出工件表面，引入、引出线为圆弧并且使刀具与曲面相切。该方式必须首先定义切入或切出圆弧段。此种方式适用于不能用直线直接引入、引出的场合，如图 2 – 36 所示。

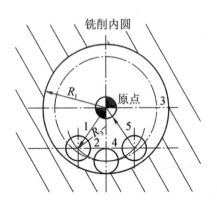

图 2 – 36　沿圆弧段方向进刀或退刀

（6）沿螺旋线或斜线进刀。这种方式是在两个切削层之间，刀具从上一层的高度沿螺旋线或斜线以渐进的方式切入工件，直到下一层的高度，然后开始正式切削。

对于加工精度要求很高的型面来说，应选择沿曲面的切矢方向或沿圆弧段方向进刀、退刀的方式，这样不会在工件的进刀或退刀处留下驻刀痕迹而影响工件的表面加工质量。

为防止刀具或铣头与被加工表面相碰（碰撞可能引起如下后果：破坏被加工表面，严重时造成零件报废；损坏刀具或铣头；损坏机床精度），在起始点和进刀线、返回点和退刀线之间，应加刀具移动定位语句。在起始点，应使刀具先运动到引入线上方的某个位置；同理，在曲面切削完毕后，在引出线的位置应给刀具一个增量值运动语句，使刀具在 Z 轴方向向上提升一个增量值，运动后刀具位置的 Z 值应在安全高度或与起始点 Z 值一致。

2.4.2.2 自动编程切入/切出路线参数及使用方法

在自动编程实践应用中，根据零件形状的不同，使用 Mastercam 编程软件建立切入/切出控制路线的方法有两大类：自动建立切入/切出线和人工建立切入/切出线。

1. 自动建立切入/切出线

这种使用方式的优点是不需要人工计算以及不需要人为制作切入/切出线。激活 Contour parameters（外形铣削参数）对话框中的 Lead in/out（引入/引出线）选项，按照提供或修改的切入/切出参数，计算机将自动做出切入/切出线，设置参数如图 2 – 37 所示，切入/切出路线如图 2 – 38 所示。

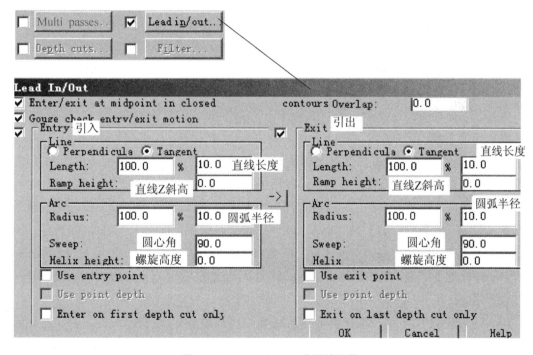

图 2 – 37 Lead in/out 选项的设置

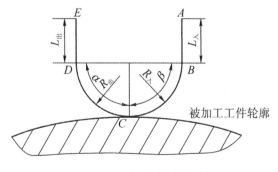

图 2 – 38 切入/切出路线

图 2-38 中，各参数的含义如下：

$L_入$——切入直线长度
$L_出$——切出直线长度
$R_入$——切入圆弧半径
$R_出$——切出圆弧半径
} 由编程用刀具直径百分比计算或直接给出长度

β——切入圆弧圆心角
α——切出圆弧圆心角
} 直接指定角度值

Lead in/out 选项中的其他参数含义如下：

Enter/exit at midpoint in closed 复选框：将引入/引出线设置在一封闭路径的中点处。

contours Overlap 输入框：设置刀具在引入/引出刀具封闭外形路径时的一个重合量。当刀具退出路径端点时，用该距离超过其端点。

Ramp height 输入框：采用斜插式进刀（Z 方向），如为 0，则不采用斜插式进刀。

Helix height 输入框：采用螺旋进刀方式，并设置螺旋进刀高度。

所有上述参数在设定中应注意：

（1）所有参数值必须大于零，不允许为负值。

（2）引入/引出直线长度、圆弧半径值必须大于所加工二维轮廓的最小内凹半径值 R，虽然这几个值在理论上只需要大于当前编程使用刀具半径值，但必须防止加工者使用半径为最小内凹半径值 R 的刀具来加工，否则程序将因无法切入而报警。如图 2-39 所示，该外形在自动编程中一般会使用小于 $R5$ mm 的 $\phi8$ mm 立铣刀编程，那么引入/引出线长度、圆弧半径就应大于 4 mm，如为 4.5 mm 即可。但当加工者使用 $\phi10$ mm 立铣刀加工时，则在引入直线和圆弧段处将产生报警，因为 $\phi10$ mm 的刀具无法切入 $R4.5$ mm 的内凹圆弧，这一点是至关重要的。

（3）通过控制引入/引出圆弧圆心角，达到收拢和敞开切入/切出线的效果。这在容易引起过切其他轮廓而干涉的情况下是非常重要的。如图 2-39 所示为圆心角在默认值 90°下的过切效果，图 2-40 所示为圆心角修改到 60°后的防止过切效果。注意，圆心角越大，越收拢；圆心角越小，越敞开。

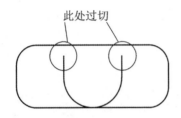

图 2-39　圆心角在默认值 90°下的过切效果

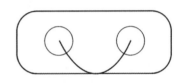

图 2-40　圆心角修改到 60°后的防止过切效果

从这些例子中可以看出，只要控制好引入/引出线的长度、圆弧半径及圆心角这几个值，其引入/引出路线就可以做到灵活多变，防止过切，改善切削性能，减小切进点的切入痕迹。

（4）在加工某些内轮廓时，在使用键槽立铣刀的情况下，可以使用普通端面立铣刀采用直线斜插式和螺旋方式下刀来加工，这也是解决刀具中心无切削刃而又必须加工内轮廓的最好方式。

（5）在普通键槽类零件精加工时，由于槽窄，一般刀具直径为名义尺寸，此时应在刀具进入零件之前（一般在零件表面之上）完成刀补后再下刀，这在窄槽加工中是非常重要的。

2. 人工建立切入/切出线

当某些轮廓形状不允许采用计算机自动建立切入/切出线时，可以人工建立相应的切入/切出线，再使用自动编程软件识别和编程，如图 2 - 41 所示。注意：如果采用人工建立的方式，那么 Contour parameters （外形铣削参数）对话框中的 Lead in/out （引入/引出线）选项一定不要激活。

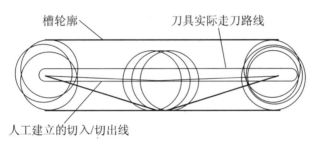

图 2 - 41　人工建立切入/切出线

2.4.2.3　加工路线分析

在二维轮廓铣削自动编程中，加工路线分析主要有三大类：

第一类是完全按照轮廓外形编程加工。这种路线分析主要针对一些简单的二维轮廓，即直接编程就可以完全地加工出所有轮廓，而无残余材料，如图 2 - 42 所示。

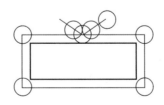

图 2 - 42　完全按照轮廓外形编程加工

第二类是必须配合辅助加工路线进行编程加工。这种路线分析主要针对直接按轮廓形状加工无法完全去除多余的残余材料，为此必须做一些加工辅助路线的情况，如图 2 - 43 所示。

第三类主要是对精加工路线进行切入/切出的路线设计。这在第 2.4.2.2 节中已详细讲解了，这里不再赘述。

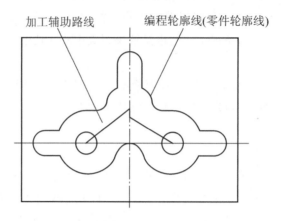

图 2-43 配合辅助加工路线进行编程加工

2.4.3 二维轮廓铣削刀具和切削参数分析

2.4.3.1 二维轮廓铣削刀具分析

二维轮廓铣削自动编程加工主要针对的是轮廓侧壁和底面的加工，而侧壁是二维加工的主要尺寸和表面粗糙度要求较高的加工部位。因此，二维轮廓加工中主要用到的就是端面立铣刀、端面键槽刀、指状刀、成型刀等刀具，应根据零件加工图纸正确地选择、使用刀具。由于二维轮廓的加工特点，这些刀具在自动编程时主要应考虑刀具轴心和刀具直径，通过控制加工尺寸及刀具底面的切削性能来保证加工形状的表面精度。在 Mastercam 软件中可以定义的刀具如图 2-44 所示，各种刀具含义见表 2-1。

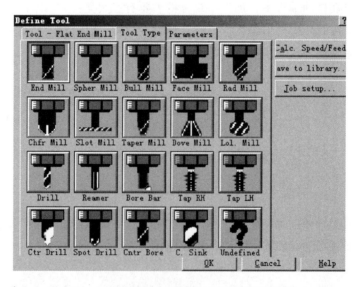

图 2-44 Mastercam 软件中可以定义的刀具

表 2 - 1　各种刀具含义

英文缩写	中文含义	英文缩写	中文含义	英文缩写	中文含义
End Mill	端面立铣刀　键槽刀	Taper Mill	锥度铣刀	Tap LH	左反牙丝
Spher Mill	球头铣刀	Dove Mill	燕尾铣刀	Ctr Drill	中心钻
Bull Mill	圆头铣刀	Lol. Mill	圆球铣刀	Spot Drill	锪孔钻
Face Mill	面铣刀	Drill	钻头	Cntr Bore	反镗杆
Rad Mill	半径铣刀	Reamer	绞刀	C. Sink	埋头钻
Chfr Mill	倒角铣刀	Bore Bar	镗杆	Undefined	未定义
Slot Mill	槽铣刀	Tap RH	右反牙丝		

2.4.3.2　二维轮廓铣削切削参数分析

合理确定切削参数的原则是：粗加工时，以提高生产率为主，但也应考虑经济性和加工成本；半精加工和精加工时，应在保证加工质量的前提下，兼顾切削效率、经济性和加工成本。目前生产中，切削参数的选择是根据选用的具体厂家生产的不同材料、不同型号、应用于不同生产条件的刀片或刀具所推荐的具体切削参数值经实践确定的。这样选择切削用量，才能发挥刀具的最佳性能，使零件的质量最好，刀具耐用度最佳，也最节省刀具费用。

1. 与吃刀量有关的参数确定

铣削加工中，与吃刀量有关的参数包括背吃刀量 a_p 和侧吃刀量 a_e。

从刀具耐用度出发，切削参数的选择方法是：先选取背吃刀量或侧吃刀量，其次确定进给量，最后确定切削速度。由于吃刀量对刀具耐用度影响最小，所以背吃刀量 a_p 和侧吃刀量 a_e 的确定主要根据机床、夹具、刀具、工件的刚度和被加工零件的精度要求来决定。如果零件精度要求不高，在工艺系统刚度允许的情况下，最好一次切净加工余量，即 a_p 或 a_e 等于加工余量，以提高加工效率；如果零件精度要求高，为保证表面粗糙度和精度，则应采用多次走刀的方式加工。

2. 与进给有关的参数确定

在加工复杂表面的自动编程中，有 5 种进给量需设定，它们是：快速走刀速度（空刀进给量）、进刀速度（接近工件表面进给量）、切削进给量（进给量）、行间连接速度（跨越进给量）及退刀进给量（退刀速度）。

（1）快速走刀速度（空刀进给量）。为了节省非切削加工时间，降低生产成本，快速走刀速度应尽可能选高一些，一般选为机床所允许的最大快速移动速度，即 G00 进给量。

（2）进刀速度（接近工件表面进给量）。为了使刀具安全可靠地接近工件而不损坏机床、刀具和工件，接近工件的进刀速度不能选得太高，要小于或等于切削进给量。依照生产经验，对软材料进行加工时，进刀速度一般选为 200 mm/min；对钢类或铸铁类零件进行切削加工时，进刀速度一般为 50 mm/min。

（3）切削进给量 F（进给量）。切削进给量 F 是切削时单位时间内工件与铣刀沿进给方向的相对位移，单位为 mm/min。它与铣刀转速 n、铣刀齿数 z 及每齿进给量 f_z（见表 2-2）的关系为 $F = f_z z n$。

表 2-2 铣刀每齿进给量参数

工件材料	每齿进给量 f_z/(mm·z^{-1})			
	粗铣		精铣	
	高速钢铣刀	硬质合金铣刀	高速钢铣刀	硬质合金铣刀
钢	0.1~0.15	0.1~0.25	0.02~0.05	0.1~0.15
铸铁	0.12~0.2	0.15~0.3		

（4）行间连接速度（跨越进给量）。行间连接速度是指在曲面区域加工中，刀具从一切削行运动到下一切削行之间刀具所具有的运动速度。该速度一般小于或等于切削进给量。

（5）退刀速度（退刀进给量）。为了缩短非切削加工时间，降低生产成本，退刀速度应选择机床所允许的最大快速移动速度，即 G00 进给量。

3. 与切削速度有关的参数确定

（1）切削速度 V_c。根据切削原理可知，切削速度的高低主要取决于被加工零件的精度、材料、刀具的材料和刀具的耐用度等因素。常用切削速度参见表 2-3。

表 2-3 铣削时的切削速度

工件材料	硬度/HBS	切削速度 V_c/(m·min^{-1})	
		高速钢铣刀	硬质合金铣刀
钢	<225	18~42	66~150
	225~325	12~36	54~120
	325~425	6~21	36~75
铸铁	<190	21~36	66~150
	190~260	9~18	45~90
	260~320	4.5~10	21~30

（2）主轴转速 n。主轴转速 n（单位：r/min）要根据允许的切削速度 V_c 来确定，即：

$$n = \frac{1\ 000 V_c}{\pi d}$$

式中：d——铣刀直径，mm；

　　　V_c——切削速度，m/min。

2.4.4　零件自动编程工艺卡片编制

在完成图纸分析、加工路线分析、刀具选择，并确定切削参数后，必须为每一个加工零件制定数控加工工艺卡片，然后按照工艺卡片以工步为单位进行自动编程，同时将编程文件号填回工艺卡片，最终形成工艺文件与程序，由操作者严格执行。工艺卡片如表 2 - 4 所示。

表 2 - 4　数控加工工艺卡片

企业名称	数控加工工序卡片	产品名称或代号	零件名称	零件代号（图号）		零件材料及热处理
工艺序号	程序编号	夹具名称	夹具编号	使用设备	车间	inch/mm
工步号	工步内容	刀具号	刀具名称	刀具规格	主轴转速/$(r \cdot min^{-1})$	进给量/$(mm \cdot min^{-1})$	切削深度/mm	备注
1								
2								
零件草图、编程原点、工件坐标系、对刀点					是否附程序清单			

编制		审核		批准		年　月　日	共　页	第　页

2.5　二维轮廓普通外形（封闭、开口）类零件加工实例

下面以如图 2 - 45 所示的槽板零件为例，介绍二维轮廓普通外形零件的自动编程实践加工。

1. 图纸分析及图纸转换

该零件最深部位为半圆形弧槽，深度为 10 mm，较深部位为中部的一个开放二维轮廓，深度为 6 mm，最浅处为两边的缺口部位，深度为 3 mm。中间部位由于开放，因此必须进行补全成为封闭轮廓进行加工。两边缺口处通过中间连通后形成一条连贯的开放轮廓线，并将两端延

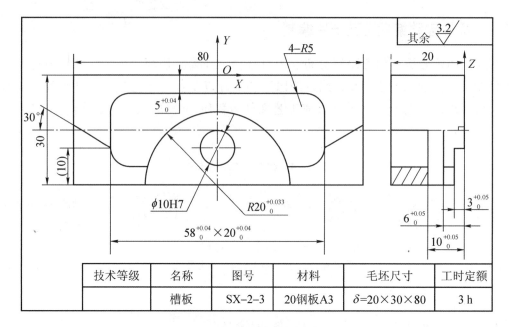

图 2 –45　槽板

技术等级	名称	图号	材料	毛坯尺寸	工时定额
	槽板	SX–2–3	20钢板A3	$\delta = 20 \times 30 \times 80$	3 h

长，半圆轮廓两端须分别延长。延长的目的是消除毛坯长度 80 mm 和宽度 30 mm 公差的影响而光滑切入。中间 MN 段为去槽余量辅助线，两端分别距槽边界 6 mm，如加工图 2 –46 所示。

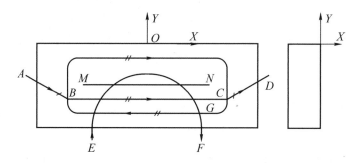

图 2 –46　槽板图纸转换图

2. 自动编程加工工艺分析

（1）编程坐标系的确定。根据四基准重合原则，确定编程坐标系为如图 2 –45 所示的 O 点。

（2）粗、精加工安排，余量分配。该零件加工部位共三部分。除中间 58 mm × 20 mm 槽需要从中间进行一次粗加工外，其余部位均一次加工到位。如果实际测量后由于让刀等现象造成尺寸不到位，则修改控制器中的刀具半径补偿值，再进行一次加工即可。

（3）切入/切出及加工路线的分析。进行分析零件图纸后将其转换为加工图，切入/切出在使用二维轮廓铣削时可采用计算机自动加工方式完成。由于 $R20$ mm 圆弧槽和两边缺口处均为开放轮廓，虽然 $R20$ mm 为内轮廓，但圆弧半径较大，因此这两处可用同样的刀具一次加工，而对于中间 58 mm × 20 mm 的槽，由于 $R5$ mm 内凹圆弧的限制，最大用刀直径为

ϕ10 mm,因此放在最后加工,切削路线如图 2 - 46 所示。

（4）刀具选用、切削参数及数控加工工艺卡片。根据该零件尺寸分析,将采用的刀具和切削参数填入数控加工工艺卡片,见表 2 - 5。

表 2 - 5　数控加工工艺卡片

企业（学校）名称	数控加工工序卡片	产品名称或代号	零件名称	零件代号（图号）	零件材料及热处理
×××××学院		××	槽板	SX - 2 - 3	20 钢板 A3

工艺序号	程序编号	夹具名称	夹具编号	使用设备	车间	inch/mm
01	001			HK714D	××	mm

工步号	工步内容	刀具号	刀具名称	刀具规格/mm	主轴转速/(r·min⁻¹)	进给量/(mm·min⁻¹)	切削深度/mm	备注
1	铣削加工 R20 mm 圆弧槽	T1	立铣刀	ϕ26	350	50	10	
2	铣削加工两缺口处	T1	立铣刀	ϕ26	350	60	3	
3	铣削加工 58 mm × 20 mm 圆弧矩形槽	T2	键槽铣刀	ϕ10	850	50	6	

零件草图、编程原点、工件坐标系、对刀点		是否附程序清单	是

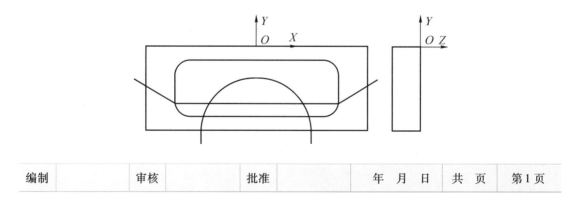

编制		审核		批准		年　月　日	共　页	第 1 页

3. 自动编程操作及步骤

（1）在 Mastercam 软件中以公制单位,以图 2 - 45 所示尺寸在构图平面和视图平面均为俯视图（TOP）的环境下绘制如图 2 - 46 所示的图形,注意上边棱线中点位于坐标系原点（0,0）处。

（2）选择命令 Main Menu/Toolpaths/Operations,单击鼠标右键选取 Toolpaths/Contour 项,即二维轮廓铣削项,如图 2 - 47 所示。

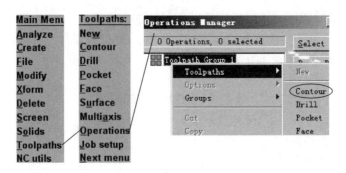

图 2 - 47　二维轮廓铣削操作选择

（3）首先串联以 E 点为起点的 EF 曲线串，选择 Done（执行）命令。

（4）在弹出的刀具参数对话框中建立两把刀具，分别为 ϕ26 mm 立铣刀、ϕ10 mm 键槽铣刀，并设置 ϕ26 mm 立铣刀刀具参数如图 2 - 48 所示，外形切削参数如图 2 - 49 所示，引入/引出线采用默认值。

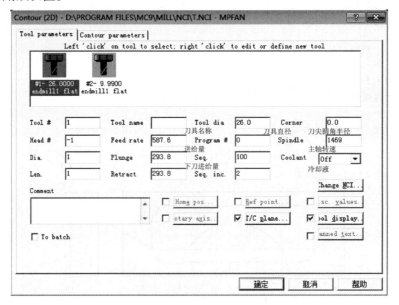

图 2 - 48　ϕ26 mm 立铣刀刀具参数

（5）重复第（2）步和第（4）步操作，串联以 A 点为起点的 ABCD 曲线串，除切削深度设置为 - 3 mm，进给量设置为 60 mm/min 外，其余参数与图 2 - 48 和图 2 - 49 完全一致，即可完成两边缺口的自动编程刀具路径操作。

（6）重复第（2）步和第（4）步操作，串联 MN 曲线串，选择 ϕ9.99 mm 刀具（由于圆弧内半径为 R5 mm，故在自动编程中不允许采用 ϕ10 mm 刀具进行编程，因此，设置刀具直径为 9.99 mm），除以下参数需要重新设定外，其余参数与图 2 - 48 和图 2 - 49 完全一致。

Spindle（主轴转速）：850 r/min。

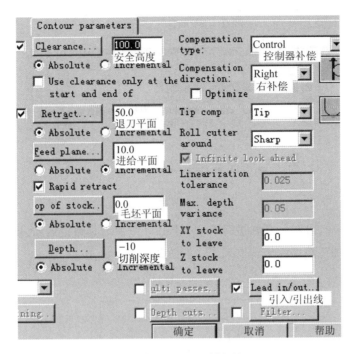

图 2 −49　外形切削参数

Depth（切削深度）：−6 mm。

Compensation type（补偿方式）：Off。

Lead in/out（引入/引出线）：非激活状态。

这步操作主要是为了去掉矩形槽中间的多余部分，采用刀具中心沿槽中心切削的方式加工，并保证在使用 φ10 mm 刀具时，中间无残余材料。

（7）重复第（2）步和第（4）步操作，以 G 点为起点串联 GBC 矩形曲线串，选择 φ9. 99 mm 刀具（在实际操作时，控制器中的刀具半径补偿寄存值也不允许输入 5 mm，而应输入 4. 99 mm，加工后实际零件形状将有 +0. 02 mm 的公差），对刀具参数对话框中的参数进行如下设置：

Depth（切削深度）：−6 mm。

Feed rate（进给量）：50 mm/min。

Spindle（主轴转速）：850 r/min。

Plung（下刀进给量）：25 mm/min。

其余参数与图 2 −48 和图 2 −49 完全一致。

（8）激活 Lead in/out（引入/引出线）对话框，进行如下引入/引出线的参数设置。

Length（引入/引出直线长度）：6 mm。

Radius（引入/引出圆弧半径）：6 mm。

Sweep（引入/引出圆弧圆心角）：60°。

（9）完成的刀具路径管理，如图 2-50 所示。

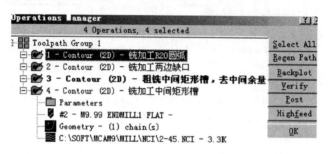

图 2-50 刀具路径管理

（10）选择 Select All 项，并在进行 Regen Path（全部刀具路径重新计算）功能后，该零件完整的自动编程加工路径就呈现出来了，如图 2-51 所示。

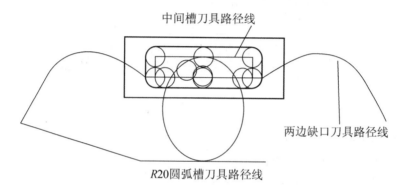

图 2-51 完整的自动编程加工路径

（11）选择 Toolpaths/Operations/Verify 命令进行实体加工校检，加工效果如图 2-52 所示。

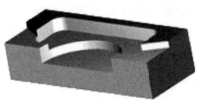

图 2-52 实体加工校检效果图

（12）选择 Post/change post 命令，并选择"软件目录\Mill\PostsMPFAN.PST"后处理程序或自行修改好的后处理程序文件进行输出数控加工程序。

%

O0000

/（铣削加工 R20 mm 圆弧）

N100 G54 G90 S350 M3

N102 G0 X32. Y－61.

N104 Z10. M8

N106 G1 Z－10. F25.

N108 G42 D1 X6. F50.

N110 G2 X－20. Y－35. R26.

N112 G1 Y－30.

N114 G2 X20. R20.

N116 R20.

N118 G1 Y－35.

N120 G2 X－6. Y－61. R26.

N122 G1 G40 X－32.

N124 G0 Z100.

/（铣削加工两边缺口）

N126 X－92.847 Y－43.15

N128 Z10.

N130 G1 Z－3. F25.

N132 G42 D1 X－79.847 Y－20.633F50.

N134 G2 X－44.33 Y－11.116R26.

N136 G1 X－29.205 Y－19.849

N138 X29.205

N140 X44.33 Y－11.116

N142 G2 X79.847 Y－20.633 R26.

N144 G1 G40 X92.847 Y－43.15

N146 G0 Z100.

N148 M09

N150 G49 G0 Z200. M05

N152 M01

/（粗铣削中间矩形槽，去中间余量）

/N154 T2

/N156 M6

N158 G54 G90 S850 M3

N160 G0X－23.205 Y－14.849

N162 G43 H2 Z100.

N164 M08

N166 Z10.

N168 G1 Z – 6. F25.

N170 X23. 205 F50.

N172 G0 Z100.

/（铣削加工中间矩形槽）

N174 X7. 588 Y – 16. 653

N176 Z10.

N178 G1 Z – 6. F25.

N180 G42 D2 X4. 588 Y – 21. 849F50.

N182 G2 X – . 608 Y – 24. 849R6.

N184 G1 X – 19. 325

N186 X – 24. 205

N188 G2 X – 29. 205 Y – 19. 849 R5.

N190 G1 Y – 9. 849

N192 G2 X – 24. 205 Y – 4. 849 R5.

N194 G1 X0.

N196 X24. 205

N198 G2 X29. 205 Y – 9. 849 R5.

N200 G1 Y – 19. 849

N202 G2 X24. 205 Y – 24. 849R5.

N204 G1 X19. 325

N206 X – . 608

N208 G2 X – 5. 805 Y – 21. 849 R6.

N210 G1 G40 X – 8. 805 Y – 16. 653

N212 G0 Z100.

N214 M30

%

4. 机床加工操作实践

（1）将机床与计算机的 RS232 接口用通信电缆进行连接。

（2）运行计算机端传输软件 Winpcin，调出传输参数，并使其与机床端设置一致，如图 2 – 53所示（注：不同机床的设置值不太一样，具体参数参照机床说明书）。

（3）打开机床程序编辑锁，在编辑状态下输入空程序名，如 O00086，按下机床按钮 Input，机床控制显示器上将出现 "标头 Skp"，表示进入接收状态。

（4）在计算机端选择 Send，选择准备传输的 NC（Number Control，数字控制）代码文件，单击 OK 键。几秒钟后，程序将自动传入机床控制器，并以程序名称 O00086 存储。

（5）在机床上完成对刀及工件坐标系设定后，即可加工。注意在加工前调整各刀具半

径补偿值 $D1$ 为实际所用 1 号刀具的半径值，$D2$ 为实际所用 2 号刀具的半径值。

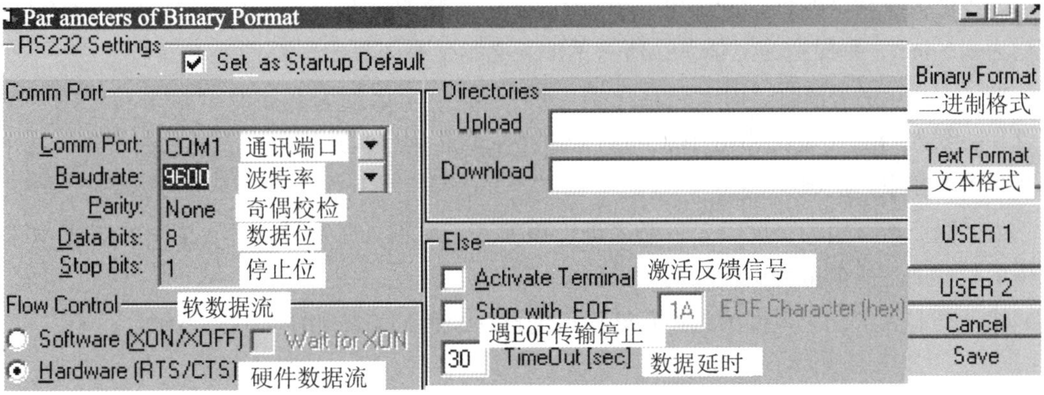

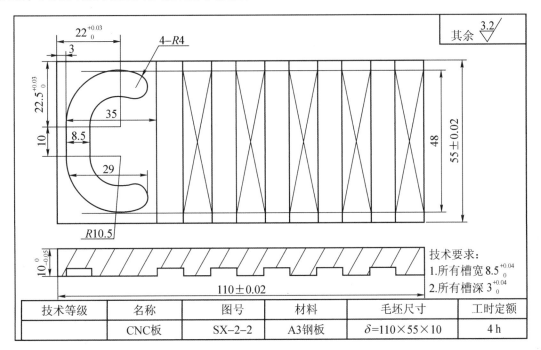

图 2-53   运行计算机端传输软件 Winpcin

2.6 二维轮廓窄槽类零件加工实例

下面以如图 2-54 所示的 CNC 板零件为例，介绍二维轮廓窄槽类零件的自动编程实践加工。

注：鉴于篇幅所限，后面所有的实例若有与前面设置参数对话框相同的图形时，就不再赘述，只给出需要设置的参数名称和数值。

技术等级	名称	图号	材料	毛坯尺寸	工时定额
	CNC板	SX-2-2	A3钢板	$\delta=110\times55\times10$	4 h

图 2-54   CNC 板零件

1. 图纸分析及图纸转换

该零件为窄槽类零件，分别由一个封闭"C"字窄槽和五个开放型窄槽构成，所有槽宽度均为8.5 mm，且槽宽为上偏差，所有槽加工必须带有刀具半径补偿。

加工"C"字窄槽时，由于刀具在槽内进行切入/切出的刀具半径补偿是比较困难的，所以，必须人为加入切入/切出线。所有开放型窄槽必须将其连贯为一个连续曲线进行加工，以减少抬刀和下刀次数。

为了保证所有槽的宽度公差，必须进行粗加工，而粗加工路线最好沿槽中心进行切削，这样留给精加工的余量就比较均匀。

综合以上因素，对零件图纸进行转换后的自动编程加工图如图2-55所示。

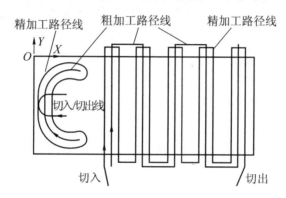

图2-55 二维轮廓窄槽类零件的自动编程加工图

2. 自动编程加工工艺分析

（1）编程坐标系的确定。根据四基准重合原则（图示尺寸3 mm和22 mm的标注和检测，以及工件的装夹方式等），确定编程坐标系原点为如图2-55所示的O点。

（2）粗、精加工安排，余量分配。该零件加工部位共两大部分。"C"字窄槽、开放型窄槽均先安排以中心为基准，粗去加工余量，然后安排精加工，全部槽的两边精加工余量均为0.25 mm。如果实际测量后由于让刀等现象造成尺寸不到位，则修改控制器中的刀具半径补偿值，再进行一次加工即可。

（3）切入/切出及加工路线分析。零件图纸进行分析后转换为加工图，经分析得知，由于"C"字窄槽在圆弧段加入切入/切出线存在小数难以计算和使用的问题，因此采用在直线段较长的部位进行切入/切出，将切入/切出线放在图2-55所示处。其中，切入/切出直线长度和圆弧半径值均为6 mm，大于最小内凹圆弧半径$R4$ mm。为使各开放型窄槽在精加工时同自动编程刀具路径中的"C"字窄槽一起加工，因此做了引入线，因为开放型窄槽已经被延伸，故在引入时就不必再加入圆弧。延伸的目的是保证刀具中心能够穿越零件，因此延伸长度应大于槽宽，这里取5 mm即可。

（4）刀具选用、切削参数及数控加工工艺卡片。为简单起见，这里只列出刀具的选用及切削参数，数控加工工艺卡略去，如表2-6所示。

表 2 - 6　刀具的选用及切削参数

工步内容	刀具号	刀具名称	刀具规格/mm	主轴转速/ (r·min⁻¹)	进给量/ (mm·min⁻¹)	切削深度/mm
"C" 字窄槽，粗加工	T1	键槽铣刀	$\phi 8$	850	50	2.9
5 个开放型窄槽，粗加工	T1	键槽铣刀	$\phi 8$	850	50	2.9
"C" 字窄槽，精加工	T2	立铣刀	$\phi 8$	950	60	3
5 个开放型窄槽，精加工	T2	立铣刀	$\phi 8$	950	60	3

3. 自动编程操作及步骤

（1）在 Mastercam 软件中以公制单位，并以图 2 - 54 所示的尺寸在构图平面和视图平面均为俯视图（TOP）的环境下绘制如图 2 - 55 所示的图形。

（2）选择命令 Main Menu/Toolpaths/Operations，单击鼠标右键选取 Toolpaths/Contour 项，即二维轮廓铣削项，以图 2 - 55 所示粗加工路径线串联，首先串联 "C" 字窄槽，然后串联开放型窄槽的中心线。选择 Done（执行）命令后设置刀具参数对话框。注意，应设置刀具的直径为 $\phi 7.99$ mm，否则系统将无法自动编程切入 $R4$ mm 圆弧。切削进给量等参数按表 2 - 6 设置。设置外形切削参数：切削深度设置为 - 2.9 mm，补偿方式必须为 Off，并且不激活 Lead in/out（引入/引出线）参数。

（3）粗加工刀具路径如图 2 - 56 所示。

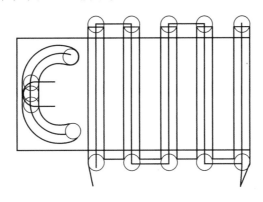

图 2 - 56　粗加工刀具路径

（4）重复第（2）步操作，串联带有人工切入/切出线的 "C" 字窄槽与开放型窄槽，刀具参数仍按表 2 - 6 设置，外形切削深度为 - 3 mm，补偿方式必须为控制器补偿（Control），并且不激活 Lead in/out（引入/引出线）参数。精加工刀具路径如图 2 - 57 所示。

（5）选择 Toolpaths/Operations/Verify 命令，进行实体加工校检，加工效果如图 2 - 58 所示。

注意：该处切入/切出线由于在轮廓外，因此会造成工件切伤，解决的办法和技巧是将下刀指令改到圆弧切入完成后，抬刀指令改到圆弧切出之前。

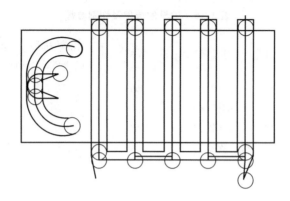

图 2 - 57 精加工刀具路径

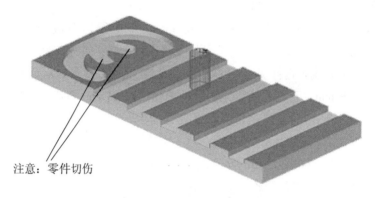

注意：零件切伤

图 2 - 58 实体加工校检效果图

（6）选择 Post/change post 命令，并选择"软件目录\Mill\PostsMPFAN. PST"后处理程序或自行修改好的后处理程序文件进行输出数控加工程序。

```
%
O0000
/（全部槽粗加工）
N100 G54 G90 S900 M3
N102 G0 X27. 9 Y - 46. 019
N104 Z10.  M8
N106 G1 Z - 3.  F25.
N108 G2 X7. 25 Y - 32. 5 R14. 75 F50.
N110 G1 Y - 27. 5
N112 Y - 22. 5
N114 G2 X27. 9 Y - 8. 981 R14. 75
N116 G0 Z50.
N118 X39. 25 Y - 62.
```

N120 Z10.

N122 G1 Z－3. F25.

N124 Y7. F50.

N126 X57. 75

N128 Y－62.

N130 X76. 25

N132 Y7.

N134 X94. 75

N136 Y－62.

N138 X113. 25

N140 Y7.

N142 G0 Z50.

/（全部槽精加工）

N144 X20. Y－33. 5

N146 Z10.

N148 G1 Z－3. F25. ；放在 N152 之后

N150 G42 D1 X9. F50.

N152 G2 X3. Y－27. 5 R6.

N154 G1 Y－22. 5

N156 G2 X29. 6 Y－5. 086 R19.

N158 X32. Y－8. 752 R4.

N160 G1 Y－9. 3

N162 G2 X26. 345 Y－12. 941 R4.

N164 G3 X11. 5 Y－22. 5 R10. 5

N166 G1 Y－32. 5

N168 G3 X26. 345 Y－42. 059 R10. 5

N170 G2 X32. Y－45. 7 R4.

N172 G1 Y－46. 248

N174 G2 X29. 6 Y－49. 914 R4.

N176 X3. Y－32. 5 R19.

N178 G1 Y－27. 5

N180 G2X9. Y－21. 5 R6.

N182 G1 G40 X20.

N184 G0 Z50. ；放在 N180 之前

N186 X38. Y－73. 5

N188 Z10.

N190 G1 Z – 3. F25.

N192 G42 D1 X35. Y – 60. F50.

N194 Y5.

N196 X43. 5

N198 Y – 60.

N200 X53. 5

N202 Y5.

N204 X62.

N206 Y – 60.

N208 X72.

N210 Y5.

N212 X80. 5

N214 Y – 60.

N216 X90. 5

N218 Y5.

N220 X99.

N222 Y – 60.

N224 X109.

N226 Y5.

N228 X117. 5

N230 Y – 60.

N232 G40 X112. Y – 73. 5

N234 G0 Z50.

N236 M30

%

修改后程序为（修改的地方已用黑体标出）：

. . .

/（全部槽精加工）

N144 X20. Y – 33. 5

N146 Z10.

N150 G42 D1 X9. F50.

N152 G2 X3. Y – 27. 5 R6. F50.

N148 G1 Z – 3. F25.

N154 G1 Y – 22. 5 F50.

N156 G2 X29.6 Y – 5.086 R19.

…

N178 G1 Y – 27.5

N184 G0 Z50.

N180 G2 X9. Y – 21.5 R6. F50

N182 G1 G40 X20.

…

4. 机床加工操作实践

本实例的加工操作实践与实例 2.5 完全一样，这里就不再赘述。

2.7 特殊平面型腔类（复合斜面）零件转化为二维轮廓加工实例

下面以如图 2 – 59 所示的双三棱台板零件为例，介绍特殊平面型腔类（复合斜面）转化为二维轮廓加工的自动编程实践加工。

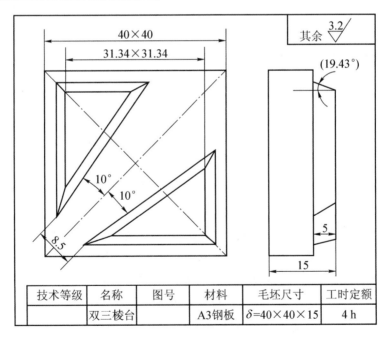

图 2 – 59　双三棱台零件

1. 图纸分析及图纸转换

该零件为一双三棱台的复合斜面凸台件，其中每个凸台有两个面是简单斜面，另外一个面是复合斜面。虽然两个简单斜面在普通铣床上通过旋转主轴一定角度，也可以加工出来，但这两个复合斜面之间的间距较小，用普通铣床很难加工，因此，对于类似的零件，可以在数控铣床上进行加工。若掌握此方法并能灵活使用，则完全可以采用手工编程加工该种零件，通常手工编制程序也就是几行或十几行。自动编程编制方法简单，但程序长。

为完整地加工出该零件，必须对每一条边进行延长（延长 8 mm，如果太短，会切伤对面的斜面）。作图时以 31.34 mm×31.34 mm 定三角形绘制，加工图应分别做在两个图层中，图 2－60 所示为轮廓加工图（全部图形深度为 －5 mm）。要将无锥度形状加工出来，则应该按照图 2－61 所示的锥度加工图（三角形深度为 0，其余深度为 －5 mm）进行加工。

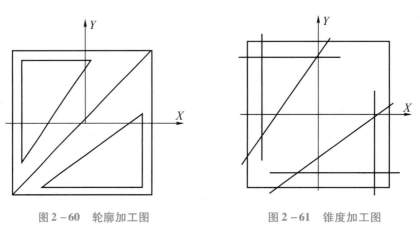

图 2－60　轮廓加工图　　　　　　图 2－61　锥度加工图

2. 自动编程加工工艺分析

（1）编程坐标系的确定。根据四基准重合原则，确定编程坐标系原点为 40 mm×40 mm×15 mm 立方体的上表面中心点。

（2）粗、精加工安排，余量分配。该零件在加工部位可划分为三大部分：第一部分为图 2－60 所示的轮廓加工；第二部分为四条直边的锥度加工；第三部分为两个斜边的锥度加工，即复合斜面的加工。第一部分直接精加工，但在每个三角形的侧面均留 0.2 mm 的余量，底面不留余量。第二部分和第三部分直接进行精加工，由于有余量，因此能够接平，底面留 0.03～0.05 mm 的余量，这是为了保证在本次加工时不再次切削底面。

复合斜面表面粗糙度的控制方法为：首先要了解复合斜面的加工机理，在三轴联动或三轴联动以下的数控机床中，复合斜面是靠刀具在一个 XOY 面内加工完一个轮廓后，下降一个 Z 深度，继续加工下一个轮廓，并且这个轮廓相对于上一个轮廓在 XOY 方向上有一个偏移量，这样往复加工就构成了复合斜面。

复合斜面典型的加工路径方式有两种：一种是斜线交叉式，另一种是阶梯式。计算机自动编程一般主要采用第一种方式；人工编程为达到计算方便和思路清晰，主要采用第二种方式，如图 2－62 所示。

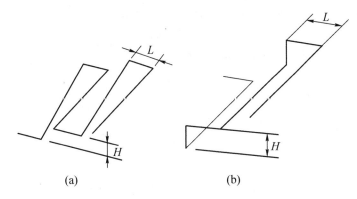

图 2-62　复合斜面典型的加工路径方式

(a) 斜线交叉式；(b) 阶梯式

　　这两种路径加工方式均涉及斜面的粗糙度如何控制的问题。如本零件，首先可以确定使用 ϕ8 mm 端面立铣刀，要求加工出的表面粗糙度为 Ra3.2 μm，因此斜面的断面图如 2-63 所示。

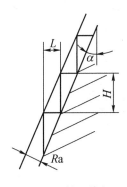

图 2-63　斜面的断面

　　在图 2-63 中，H 为每层轮廓的下刀深度，L 为行距，其中 $Ra = 0.003\ 2$ mm，$\alpha = 19.43°$，因此 $H = Ra/\mathrm{Sin}\alpha = 0.003\ 2/\mathrm{Sin}19.43° = 0.01$ mm。

　　(3) 切入/切出及加工路线分析。零件图纸在进行分析后需要转换成加工图，所有的切削均采用计算机自动做出切入/切出的方式完成，但是切入/切出点必须选择在不产生干涉的地方。

　　加工路线依次为：采用对角线去中间余量→按两封闭三角形轮廓去余量，并精加工底面→全部复合斜面的加工。

　　(4) 刀具选用、切削参数及数控加工工艺卡片。由于该零件中间部位的最窄处只有 8.5 mm，因此确定采用 ϕ8 mm 端面立铣刀。同样为简单起见，这里只列出刀具选用及切削参数，如表 2-7 所示，数控加工工艺卡此处略去。

表 2 - 7　刀具选用及切削参数

工步内容	刀具号	刀具名称	刀具规格	主轴转速/ $(r \cdot min^{-1})$	进给量/ $(mm \cdot min^{-1})$	切削深度/mm
轮廓加工	T1	端面立铣刀	$\phi 8$	850	50	5
复合斜面加工	T1	端面立铣刀	$\phi 8$	850	65	4.97

3. 自动编程操作及步骤

（1）在 Mastercam 软件中以公制单位，在构图平面和视图平面均为俯视图（TOP）的环境下绘制如图 2 - 60 所示的图形在图层 1，图 2 - 61 所示的图形在图层 2，并先将图层 2 隐藏。

（2）首先去除图层 1 的图形中的多余材料，并保证无锥度的轮廓。

第一步：以矩形对角线为加工路径，采用 Contour（二维轮廓铣削）方式，切削深度为 -5 mm，刀具补偿为 Off（禁止补偿），无引入/引出线，其他参数略，刀具路径如图 2 - 64 所示。

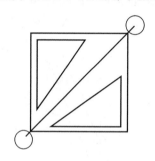

图 2 - 64　第一步的刀具路径

第二步：以两三角形外轮廓为边界，采用 Contour（二维轮廓铣削）方式，切削深度为 -5 mm，刀具补偿为 Control（控制器补偿），自动引入/引出线，切入点在直角边任意点处，其他参数略，刀具路径如图 2 - 65 所示。加工效果图如图 2 - 66 所示。

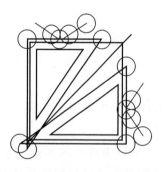 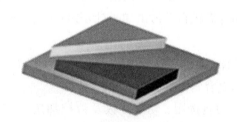

图 2 - 65　第二步的刀具路径　　　　　　图 2 - 66　加工效果图

（3）将图层 1 隐藏，打开图层 2。采用 Contour（二维轮廓铣削）方式，串联两个三角形的六条边，从延长点开始。注意，其串联方向必须完全一致，如图 2 - 67（a）所示。切

削深度为 –5 mm，刀具补偿为 Control（控制器补偿），自动引入/引出线，激活深度分层对话框，并进行如图 2 – 68 所示的参数设置，产生如图 2 – 67（b）所示的刀具路径。

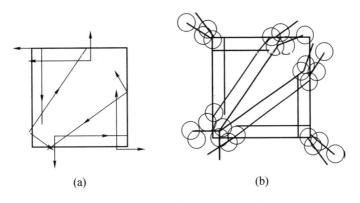

图 2 – 67　串联方向及刀具路径

(a) 串联的方向；(b) 形成的刀具路径

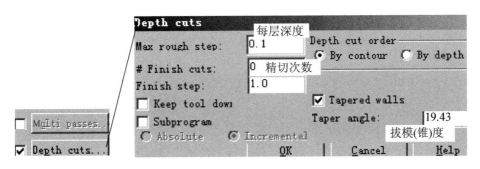

图 2 – 68　参数设置

注：由于两斜边距离非常近，因此参数 Keep tool down 必须关闭。

（4）完成的刀具路径管理如图 2 – 69 所示。

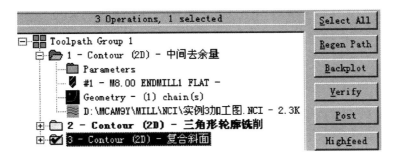

图 2 – 69　刀具路径管理

（5）选择 Toolpaths/Operations/Verify 命令，进行实体加工校检，加工效果如图 2 – 70 所示。

图 2 – 70　实体加工校验效果图

（6）选择 Post/change post 命令，并选择"软件目录\Mill\PostsMPFAN. PST"后处理程序或自行修改好的后处理程序文件进行输出数控加工程序（程序略）。

4. 实践机床加工操作

在机床上完成对刀及工件坐标系设定后，即可加工，具体操作方法与实例2.5一样。注意，在加工前调整刀具半径补偿值 D1 为实际所用刀具半径值，通过调整 D1 值达到调整可控制图纸要求尺寸 31. 34 mm×31. 34 mm。

2.8　整圆铣削加工实例

在某些零件或大型钻模板孔系零件上经常有大直径（一般大于 ϕ50 mm）的通孔或平底孔需要加工。由于孔的公差本身不是很高，但有较大的加工余量时，采用镗削加工就显得效率很低，刀具调整极为麻烦，故此时必须用到整圆铣削加工，而 Mastercam 软件提供了直接对整圆加工的方法和刀具路径。如加工如图 2 – 71 所示的零件。

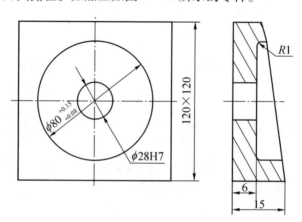

图 2 – 71　整圆零件加工

1. 图纸分析及图纸转换

对该类零件的加工只需要做出整圆即可。

注意：必须是独立的整圆，不允许有任何断点。该零件的 ϕ28H7 孔的加工在本章中暂不涉及，仅对 ϕ80 mm 孔的加工进行讲解。

2. 自动编程加工工艺分析

（1）编程坐标系的确定。根据四基准重合原则，确定编程坐标系原点为 120 mm×120 mm×15 mm 立方体下表面 ϕ28H7 孔的中心点。

（2）粗、精加工安排，余量分配。由于 ϕ28H7 孔是在 ϕ80 mm 孔加工之前已经加工好的，故 ϕ80 mm 孔的半径方向上的残余材料为（80−28）/2 = 26 mm。对 ϕ80 mm 孔安排粗、精铣削加工，每层在半径方向上的切削深度为 5 mm，共 5 层，第一层是 26−4×5 = 6 mm。最后一层应留 0.1 mm 余量以备精铣削。

（3）切入/切出及加工路线分析。采用计算机自动做出整圆切入/切出路线（见图 2−73 右下角的精铣削圆路径）。加工路线为：5 层粗铣削→1 层精铣削。

（4）刀具选用、切削参数及数控加工工艺卡片。由于该零件的 ϕ28H7 孔已加工完成，为了保证足够的切削力及提高加工效率，故粗铣削采用 ϕ26 mm 圆角端面立铣刀，精铣削采用 ϕ28 mm 圆角端面立铣刀。为简单起见，这里只列出刀具的选用及切削参数，如表 2−8 所示，数控加工工艺卡略。

表 2−8　刀具的选用及切削参数

工步内容	刀具号	刀具名称	刀具规格/mm	主轴转速/ $(r \cdot min^{-1})$	进给量/ $(mm \cdot min^{-1})$	切削深度/mm
粗铣削 ϕ80 孔	T1	圆角端面立铣刀	ϕ26	350	50	9
精铣削 ϕ80 孔	T2	圆角端面立铣刀	ϕ28	400	65	8.99

3. 自动编程操作及步骤

（1）在 Mastercam 软件中以公制单位，在构图平面和视图平面均为俯视图（TOP）的环境下绘制 ϕ80 mm 的整圆。

（2）选择 Main Menu/Toolpaths/Operations 命令，单击鼠标右键，在弹出的菜单中选择 Toolpaths/Circle paths/Circle mill 命令，如图 2−72 所示。

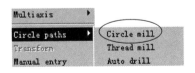

图 2−72　命令的选择

（3）串联该圆，选择 Done（执行）命令，设置粗加工刀具参数（略）和整圆铣削参数，如图 2−73 所示。

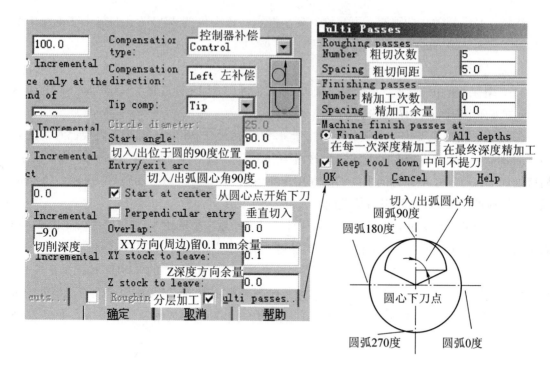

图 2 - 73　设置粗加工刀具参数和整圆铣削参数

（3）再次串联该圆，选择 Done（执行）命令，设置精加工刀具参数（略）和整圆铣削参数。切削深度为 - 8.99 mm，*XOY* 方向余量为 0，注意必须关闭 Muti passes（分层）选项，其余参数与粗加工完全一致。

（4）完成的刀具路径管理如图 2 - 74 所示，粗、精加工刀路分别如图 2 - 75、图 2 - 73右下角所示。

图 2 - 74　刀具路径管理

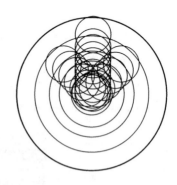

图 2 - 75　粗加工刀路

（5）选择 Toolpaths/Operations/Verify 命令，进行实体加工校检，加工效果如图 2 - 76所示。

（6）选择 Post/change post 命令，并选择"软件目录\Mill\PostsMPFAN. PST"后处理程

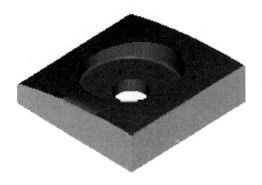

图 2 - 76   实体加工校检效果图

序或自行修改好的后处理程序文件进行输出数控加工程序。

%

O0000

／（粗铣 φ80 mm 孔）

N100G54G90S350M3

N102G0X0. Y0.

N104Z10. M8

N106G1Z – 9. F25.

N108G41D1X16. 45Y3. 45F50.

N110G3X0. Y19. 9R16. 45

N112Y – 19. 9R19. 9

N114Y19. 9R19. 9

N116X – 16. 45Y3. 45R16. 45

N118G1G40X0. Y0.

N120G41D1X18. 95Y5. 95

. . .

N168G0Z50.

N170M09

N172G49G0Z200. M05

N174M01

／（精铣削 φ80 mm 孔）

／N176T2

／N178M6

N180G54G90S400M3

N182G0X0. Y0.

N184G43H2Z100.

N186M08

N188Z10.

N190G1Z – 8. 99F40.

N192G41D2X27. Y13. F65.

N194G3X0. Y40. R27.

N196Y – 40. R40.

N198Y40. R40.

N200X – 27. Y13. R27.

N202G1G40X0. Y0.

N204G0Z50.

N206M30

%

4. 机床加工操作实践

在机床上完成对刀及工件坐标系设定后，即可加工，具体操作方法与实例 2.5 一样。

注意，在加工前调整刀具半径补偿值 $D1$ 为粗铣削圆实际所用刀具半径值。通过调整 $D1$ 的值，可以调整和控制精铣削余量，半径补偿值 $D2$ 为精铣削实际所用刀具半径值，用以专门控制最终加工尺寸。

2.9 二维轮廓铣削加工实践与操作类综合零件的自动编程与机床操作

本节对二维综合类轮廓自动编程铣削加工从工艺分析、自动编程到机床零件加工操作进行全过程的讲解，加工零件如图 2 – 77 所示。

1. 零件图纸分析及图纸转换

该零件为一盘类齿形零件，离合器齿形均匀分布在 $\phi110h7$ 的圆周上，圆的四个象限点上为四个凹齿，所有的齿形均为开放型二维轮廓。因此，在自动编程加工时必须对这类图形补做加工辅助线，以构成半封闭二维轮廓，同时还要将多段的单独二维轮廓连接成为一个系列曲线。中间部位为一个普通内封闭二维轮廓和一个 H 形窄槽类的加工。

2. 自动编程加工工艺分析

（1）编程坐系的确定。根据四基准重合原则，尺寸标注均位于盘轴线上，所有深度尺寸测量基准为齿形上表面，因此应确定编程基准为盘上表面圆心。

（2）粗、精加工安排，余量分配。

粗加工：根据齿的 A—A 局部视图，并绘制单齿内圈加工路线如图 2 – 78 所示，从而得到最小粗加工刀具直径为 $\phi3.4$ mm。按最小宽度留 0.1 mm 余量。

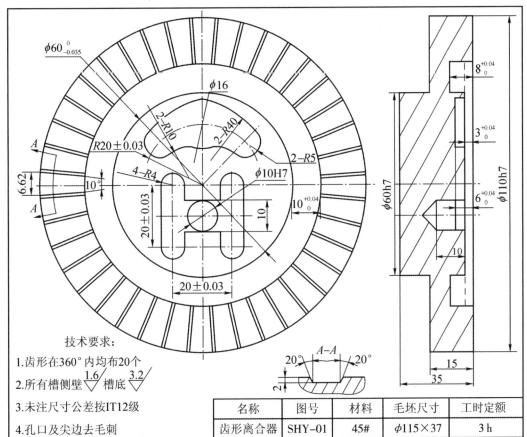

图 2-77　齿形离合器

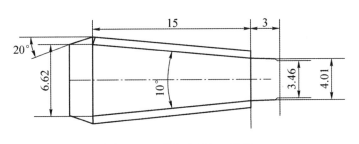

图 2-78　单齿内圈加工路线

精加工：同粗加工分析一致，刀具底部直径为 $\phi3.4$ mm。中间两个凹槽采用一次性加工，按二维轮廓铣削加工。

（3）切入/切出及加工路线分析。由于在图纸分析中已经确定采用所有槽连接成为一个开放的整条曲线串，因此精加工的切入/切出线在开口处采用控制器补偿方式自动加入切入/切出线。由于有内环槽窄，故切入/切出线必须于零件外侧进入，粗加工路径与精加工刀具路径一致，如图 2-79 所示为槽的完整加工路线。最重要的是，通过对刀具的设计，只需要对斜面的底部线进行加工，上边沿线即可自动形成。对于内部月牙槽，采用在槽内直接进行控制器补偿的方式自动加入切入／切出线；对于 H 形窄槽，需要人工加入切入／切出线，下刀点应放在孔中心并与孔重合。

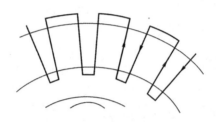

图 2-79 槽的完整加工路线

（4）刀具选用、切削参数及数控加工工艺卡片。

首先分析离合器内齿加工用刀具：由于该零件带有较小的斜度，所有斜面均为工作面，而其表面粗糙度相当关键，故在粗加工中为了保证刀具具有良好的强度，采用以 $\phi4$ mm 修磨的成型硬质合金端面立铣刀，在精加工中为了保证表面精度和尺寸精度，采用以 $\phi6$ mm 修磨的成型硬质合金立铣刀，刀具如图 2-80 所示。

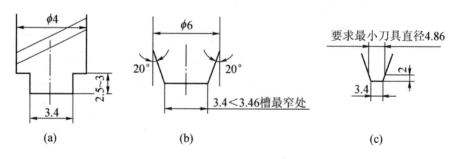

(a)   (b)   (c)

图 2-80 铣刀刀具的选择

（a）粗加工刀具；（b）精加工刀具；（c）精加工刀具计算图

在粗加工中，可以一次加工深度到 1.95 mm，直槽侧均留 0.05 mm；精加工中，由于成型铣刀切削余量还是较大，因此采用深度分层的方法进行加工，即以每层 0.15 mm、最后一层 0.05 mm 精加工侧面和底面。粗、精加工分别如图 2-81、图 2-82 所示。

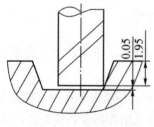

图 2-81 粗加工

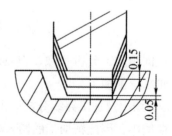

图 2-82 精加工

　　对于月牙槽，采用 φ10 mm 键槽立铣刀。为了提高 H 形窄槽的切削性能和尺寸精度，采用 φ8 mm 端面立铣刀，从孔中心下刀。

　　根据该零件尺寸及加工工艺分析，将采用的刀具和切削参数填入数控加工工艺卡片，见表 2 - 9。

表 2 - 9　数控加工工艺卡片

企业（学校）名称	数控加工工序卡片	产品名称或代号	零件名称	零件代号（图号）		零件材料及热处理
×××××学院		××	齿形离合器			45#钢
工艺序号	程序编号	夹具名称	夹具编号	使用设备	车间	inch/mm
01	001			HK714D	××	mm
工步号	工步内容	刀具号	刀具名称	刀具规格/mm	主轴转速/(r·min⁻¹)	进给量/(mm·min⁻¹)	切削深度/mm	备注
1	粗铣削齿形	T1	成型端面立铣刀	φ4	900	80	1.95	
2	精铣削齿形（循环调用子程序）	T2	成型立铣刀	φ6	5 000	400	0.15	
3	铣削月牙槽	T3	键槽立铣刀	φ10	800	50	3	
4	铣削 H 形窄槽	T4	端面立铣刀	φ8	850	50	3	

零件草图、编程原点、工件坐标系、对刀点	是否附程序清单	是

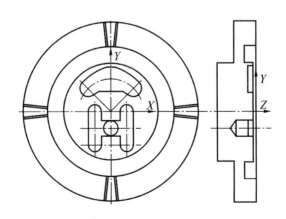

编制	审核	批准	年　月　日	共　页	第 1 页

3. 自动编程操作及步骤

（1）在 Mastercam 软件中以公制单位，以图 2 - 79 所示的方法在构图平面和视图平面均为俯视图（TOP）的环境下按图 2 - 77 所示的图形进行绘制。

注意，在 ϕ100 mm 外圆处的槽宽为 6.62 mm，槽两侧线不做，并将槽内、外圆处分别延长 3 mm，加工图如图 2 - 83 所示。

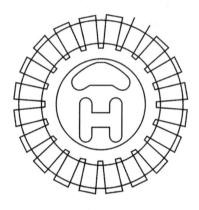

图 2 - 83　加工图

（2）绘制月牙槽与具有人工引入/引出补偿线的 H 形槽，引入/引出直线长度和圆弧半径大于 5 mm，如图 2 - 83 所示。

（3）粗铣削齿形。选择 Main Menu/Toolpaths/Operations 命令，单击鼠标右键，在弹出的菜单中选择 Toolpaths/Contour 命令，即外形二维轮廓铣削，串联齿形轮廓线，调整刀具参数和轮廓铣削参数设置，激活引入/引出线参数即可，其他参数不进行调整，采用计算机默认设置。

刀具参数：建立一把 ϕ3.4 mm 立铣刀。其参数设置如下：

Feed rate（进给量）：80 mm/min。

Plunge（下刀进给量）：1 000 mm/min。

Spindle（主轴转速）：900 r/min。

Coolant（冷却液）：Flood（液态）。

铣削参数：Depth（切削深度）为 - 1.95 mm，Compensation type（补偿方式）为 Control（控制器补偿），Compensation direction（补偿方向）为 Right（右补偿）。

Lead in/out（引入/引出线）：激活。

（4）精铣削齿形。由于精铣削的刀具路径与粗铣削的刀具路径完全一致，只是在深度上分层加工，因此，可以利用粗铣削工刀具路径所做出的程序进行循环调用，程序修改见后文。

（5）铣削月牙槽。选择 Main Menu/Toolpaths/Operations 命令，单击鼠标右键，在弹出的菜单中选择 Toolpaths/Contour 命令，即外形二维轮廓铣削，以 ϕ16 mm 圆弧下段为起点串联月牙槽，调整刀具参数和轮廓铣削参数设置，引入/引出线参数激活，并设置在曲线中间点切入。

刀具参数：建立一把 ϕ9.99 mm 的立铣刀。其参数设置如下：

Feed rate（进给量）：50 mm/min。

Plunge（下刀进给量）：25 mm/min。

Spindle（主轴转速）：800 r/min。

Coolant（冷却液）：Flood（液态）。

铣削参数为：Depth（切削深度）为 －6 mm，Compensation type（补偿方式）为 Control（控制器补偿），Compensation direction（补偿方向）为 Right（右补偿）。

Lead in/out（引入/引出线）：激活。

（6）铣削 H 形窄槽。方法与铣削月牙槽完全一致，区别仅在于以图 2－83 所示方向和起点串联。

刀具参数：建立一把 ϕ7.99 mm 立铣刀。

（7）全部加工刀具路径完成后的效果如图 2－84 所示。

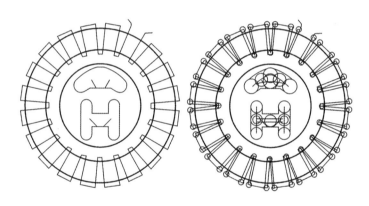

图 2－84　加工刀具路径完成后的效果

（8）完成的刀具路径管理如图 2－85 所示。

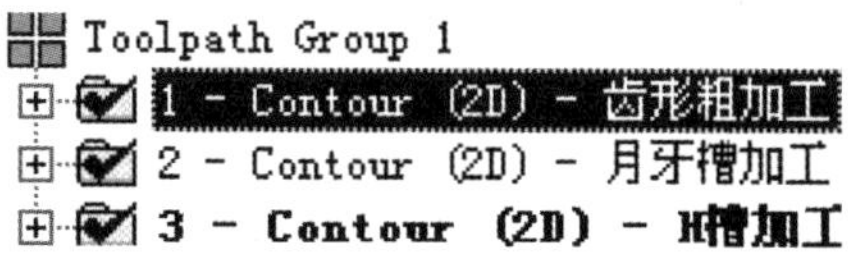

Toolpath Group 1
1 - Contour (2D) - 齿形粗加工
2 - Contour (2D) - 月牙槽加工
3 - Contour (2D) - H槽加工

图 2－85　完成的刀具路径管理

（9）选择 Toolpaths/Operations/Verify 命令，进行实体加工校检，加工效果图如图 2－86 所示。

（10）选择 Post/change post 命令，并选择"软件目录\Mill\PostsMPFAN.PST"后处理程序或自行修改好的后处理程序文件进行输出数控加工程序（黑体部分为修改部分）。

图 2 – 86　实体加工检验效果图

%

O0000

/T1

/（齿形粗加工）

N100 G54 G90 S5000 M3

N102 G0 X19.997 Y62.804

N104 Z10.

N106 G1 Z – 1.95 F1000.

N108 G42 D1 X22.044 Y60.089 F400.

M98 P0002 改为调用一次子程序

N274 G0 Z50.

N276 M09

N278 G49 G0 Z200. M05

N280 M01

/T2

/（齿形精加工）

N100 G54 G90 S5000 M3

N102 G0 X19.997 Y62.804

N104 G43 H2 Z10.

N106 G1 Z – 0.15 F1000.

N108 G42 D2 X22.044 Y60.089 F400.

M98P0002

N108 G42 D2 X22.044 Y60.089 F400.

M98P0002

N106G1 Z – 1.35 F1000.

N108G42 D2 X22.044 Y60.089 F400.

M98P0002

N106 G1 Z − 1. 5 F1000.

N108 G42 D2 X22. 044 Y60. 089 F400.

M98P0002

N106 G1 Z − 1. 65 F1000.

N108 G42 D2 X22. 044 Y60. 089 F400.

M98P0002

N106 G1 Z − 1. 8 F1000.

N108 G42 D2 X22. 044 Y60. 089 F400.

M98P0002

N106 G1 Z − 1. 95 F1000.

N108 G42 D2 X22. 044 Y60. 089 F400.

M98P0002

N106 G1 Z − 2. 0 F1000.

N108 G42 D2 X22. 044 Y60. 089 F400.

M98P0002

N274 G0 Z50.

N276 M09

N278 G49 G0 Z200. M05

N280 M01

/(月牙槽加工)

/N282 T3

/N284 M6

N286 G54 G90 S850 M3

. . .

N328 G49 G0 Z200. M05

N330 M01

/(H 槽加工)

/N332 T4

/N334 M6

N336 G54 G90 S850 M3

. . .

N386 G0 Z100.

N388 M30

%

子程序：

%

O00002

N110 G2 X22. 458 Y56. 714 R3. 4

N112 G1 X13. 076 Y34. 612

N114 G3 X9. 766 Y35. 688 R37.

...

N270 G2 X35. 656 Y53. 153 R3. 4

N272 G1 G40 X39. 056 Y53. 094

M99

4. 机床加工操作过程及步骤

（1）进行加工前的准备。

① 准备工件毛坯（车工序完成的工件）。

② 准备三爪卡盘，并安装于工作台上，用压板装夹固定好，装夹工件，如图 2 - 87 所示。

③ 将杠杆百分表头用钻夹头装在主轴内，打表找正工件 φ110 外圆中心，如图 2 - 88 所示，并输入机床 G54 坐标系中的 X、Y 值。

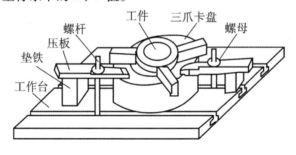

图 2 - 87 工件安装

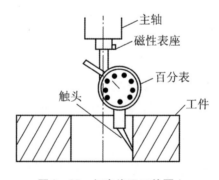

图 2 - 88 打表找正工件圆心

④ 安装 φ6 mm 粗铣削槽刀具，用 G54 指令找正 Z 零点。将其他刀具的长度补偿分别对

刀，并输入机床控制器长度补偿值 $H1$、$H2$、$H3$ 和 $H4$；输入刀具半径补偿值 $D1 = 1.6$ mm（半径方向留 0.1 mm 余量）、$D2 = 1.7$ mm、$D3 = 5$ mm 和 $D4 = 4$ mm。

⑤ 将主程序和子程序分别传输到机床存储器内（略）。

（2）试切。在工件坐标系中将坐标系的 Z 值向正方向偏移 10 mm，并将机床上的 Block Delete（跳段）键、Dry Run（空运行）键打开，空走刀进行程序测试。

（3）加工。在测试没有问题的情况下即可加工零件。在加工过程中，通过调整 $D2$（精铣削槽刀具半径补偿值）的值（1.7 mm）的大小，可以控制槽的精确宽度。

模拟自测题（二）

1. 内、外二维轮廓自动编程与实践操作综合题：加工如图 2 - 89 所示的零件。

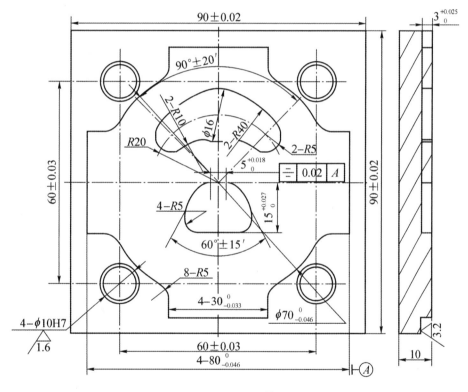

图 2 - 89　圆弧槽板

2. 特殊二维轮廓自动编程与实践操作综合题：加工 2.9 节图 2 - 77 所示的零件。

第3章

平面型腔及平面铣削加工自动编程实训及实例应用

学习目标

　　着重掌握平面型腔和平面铣削的数控自动编程加工工艺分析，熟练使用 CAM 软件对各种常见、特殊的平面型腔及平面进行数控铣削的编程和加工。

内容提要

- 平面型腔铣削及平面铣削的概念及范畴。
- 平面型腔铣削及平面铣削的分类及图纸转换。
- 综合平面型腔类零件的加工分解方法。
- 平面型腔类零件的自动编程加工工艺分析及编制。
- 平面型腔及平面自动编程铣削方式
- 普通平面带岛屿型腔类及平面铣削零件的加工实例。
- 平面开口型腔类零件的加工实例。
- 平面刻字加工实例。
- 平面型腔及平面铣削加工综合实例。

3.1 平面型腔铣削及平面铣削的概念及范畴

3.1.1 平面型腔铣削及平面铣削的概念

平面型腔是指以平面封闭轮廓为边界的平底直壁凹坑。内部全部加工的称为简单型腔，内部有不允许加工的区域（岛）或只加工到一定深度的称为带岛屿型腔，无明显边界的岛屿型腔称为复杂型腔。

平面铣削是指单独一整块区域需要加工，且该加工面独立并比其他周围邻接面高。平面型腔铣削和平面铣削编程中的一个重要的注意事项是在这种编程中不能也无法使用刀具半径补偿。只有在精加工型腔侧壁时，与二维轮廓铣削配合使用，才允许使用半径补偿，以修正尺寸精度。因此，在型腔粗铣削去余量时，编程用刀即为实际用刀具；实际加工时，粗铣削是绝对不允许更换刀具直径的，必须保持一致。

3.1.2 平面型腔铣削及平面铣削的范畴

与二维轮廓铣削类似，划分某种零件是否属于平面型腔，主要根据的是需加工区域的最宽位置尺寸是否大于最大可用刀具直径的三倍，如果大于，则属于平面型腔类加工。如图 3 – 1 所示，由于最宽位置40 mm > 3 × 8 mm，在用二维轮廓铣削进行加工时，必须人工计算、设计刀具去余量加工路线，这是非常烦琐的，故应采用平面型腔铣削。

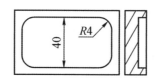

图 3 – 1 单型腔类

3.2 平面型腔铣削及平面铣削的分类及图纸转换

3.2.1 无岛屿封闭型腔（简单型腔）

一系列平面内首尾相连接，起点、终点重合的曲线集合，在该封闭曲线内部无其他凸起（凹部允许）部位岛屿的型腔称为无岛屿封闭型腔。如图 3 – 2 所示，在加工型腔 A 时忽略型腔 B，在进行编程加工之后再单独对型腔 B 进行加工。但在加工顺序上应该是 A、B 型腔粗加工均完成后，再进行两者的精加工。此类零件在进行自动编程时，零件图即为加工图，无须进行图纸转换。

3.2.2　平面岛屿封闭型腔

平面岛屿封闭型腔是由几条互不相交的系列曲线集合组成的，每一系列曲线在平面内首尾相连接，起点、终点重合，并且各系列曲线可以是型腔边界线，也可以是岛屿边界线。该类型型腔具有明显的型腔边界线，如图 3-3 所示。此类零件在进行自动编程时，零件图也为加工图，无须进行图纸转换。

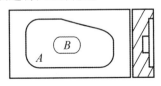

图 3-2　多型腔类

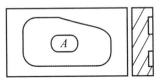

图 3-3　型腔岛屿类

3.2.3　开放带岛屿型腔

开放带岛屿型腔是指由若干条互不相交的系列曲线（每一系列曲线首尾相连接，起点、终点重合）集合组成若干个独立区域。该类型型腔的最大特征是无明显型腔边界线，如图 3-4 所示。这种类型的零件自动编程加工中一定要人工建立封闭包围边界线，使之转化为型腔岛屿类型后再编程加工。在建立包围边界线时，必须考虑编程所用刀具与实际用刀具一致。同时，最主要之处是包围边界线的形状、尺寸的确定，这就涉及在这类零件加工过程中的图纸转换问题。解决方法是将最大开放型腔边缘线等距偏置实际使用刀具的半径值再加上 1～2 mm，以保证在加工后无残余材料。如图 3-4 所示的零件在自动编程时所应做的加工图如图 3-5 所示。

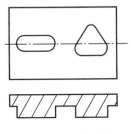

图 3-4　完全岛屿

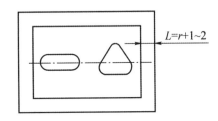

图 3-5　人工绘制边界线

3.2.4　平面铣削

平面铣削是针对一系列首尾相连的曲线集合（起点和终点必须重合）所包围的区域。在平面铣削加工中，由于自动编程软件主要控制对整个平面铣削完成后的切出量，因此适当的切出量可保证该区域平面完整被切除而无残余材料，同时，可保证其他相邻面不被过切或切伤。平面区域一般高于相邻加工面，如图 3-6 所示区域 A。在直接应用平面铣削自动编程时，一般不需要进行零件图纸转换，直接串联区域边界线即可。

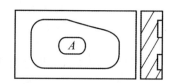

图 3 – 6　直接加工

3.3　综合平面型腔类零件的加工分解方法

综合平面型腔铣削时，对加工顺序及区域的分解是非常重要的，也是自动编程实践加工中的一个重要环节。加工区域分解得是否适当、合理，直接决定了自动编程刀具路径的个数。刀具路径的优化性可以决定选择的切削方法，以及零件尺寸精度、形位公差、表面粗糙度等一系列产品质量因素。

加工区域分解原则如下：

（1）在保证残余材料均被干净去除和切削的前提下，应尽量少地划分切削区域个数。

（2）在以图纸转换的情况下，增加各种编程用辅助线时，合理计算扩展边界，避免因作图、计算方便而浪费实际加工切削时间，增加多余的走刀。

（3）型腔深度不一致的公共区域不要重复加工，即使不可避免地要进行重复切削，也应尽量减少重合区域的面积。

（4）以刀具路径走刀方向一致性为要求划分区域，各区域尽量统一走刀方向。即使无法统一，也尽量减少刀具走到不一致的情况。

以下就对如图 3 – 7 所示的圆弧槽板的加工各区域进行分解，为自动编程做准备。

分解步骤及方法：

（1）首先分析该零件图，该零件由两个凸台（一个直角梯形、一个圆弧正方形）和多个型腔组成，而这两个凸台即为型腔中的岛屿。

（2）该零件图需要单独加工的型腔部分有三处，分别是内圆弧梯形（无岛屿）、内圆三角形（单一型腔）与一个带两岛屿的型腔，而最复杂的就是这个带两岛屿的型腔。

分析两岛屿型腔：

首先，确定在两岛屿相邻处所能通过的最大刀具直径，也就是两岛屿间的最短距离，如图 3 – 7 所示的尺寸 L。从图 3 – 7 中通过计算机测量可得，$L = 11.65$ mm，则最大可用刀具直径为 $\phi10$ mm。因此，确定该型腔用直径为 10 mm 的刀具进行粗加工。

其次，分析该零件属于开放带岛屿型腔，因此确定型腔最大包围边界线将是该型腔自动编程中最重要的一步。为确保给精加工留有余量，同时又必须保证边缘材料被切除干净且无残余材料，各岛屿与边缘线之间的距离就成为如何进行扩展最大型腔边缘的关键因素，即保证刀具直径为 $\phi10$ mm 时，全部位置均能够通过。

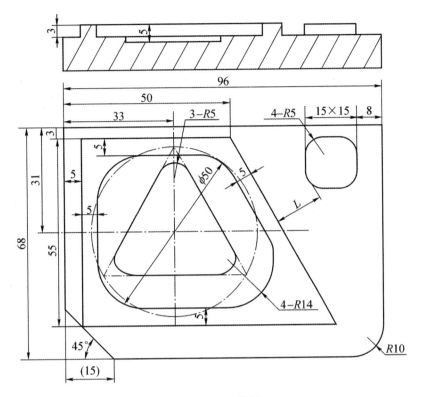

图 3 – 7 圆弧槽板

最后，应给两凸台岛屿留精加工余量，假定该余量为 0.5 mm。因此，做出的边界辅助线在任意处应能保证 ϕ10 mm 的刀具顺利通过，即在任意位置处的间距不小于 11 mm，如图 3 – 8 所示。

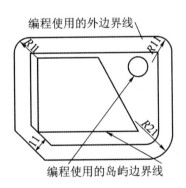

图 3 – 8 边界辅助线的制作

3.4   平面型腔类零件的自动编程加工工艺分析及编制

3.4.1   平面型腔类零件加工工艺分析和准备

3.4.1.1   平面型腔的数控加工方法

平面型腔的数控加工方法在总体上可分为行切法和环切法两种切削加工方式，如图 3 – 9 所示。

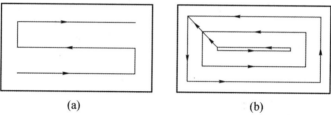

图 3 – 9   平面型腔的数控加工方法
（a）行切法；（b）环切法

在自动编程中，平面型腔加工能自动清除处于边界区域（可以包含孤岛）内的材料，边界能够被定义为凸向区域或带有多重嵌套的狭窄的非凸区域。

采用自动编程生成型腔加工刀具运动轨迹的操作步骤是：

（1）首先选择最大轮廓边界曲线，它决定了区域加工的范围。

（2）选择一个或多个孤岛，它确定了非加工保护区域。

（3）定义总加工深度、进刀次数及每次进刀深度。

（4）选择切削方式，有行切法和环切法（根据编程软件不同有不同方式）可供选择。

（5）选择切削方向，它可以用两点或一个矢量来定义。

（6）定义刀具行距。对平头刀而言，可指定重叠量或行距来控制刀具运动轨迹的疏密；对球头刀而言，可指定残留高度或行距来控制刀具运动轨迹的疏密。

输入上述信息后，计算机就能生成加工所需的刀具运动轨迹了。

平面型腔的具体加工过程是：先用平底端铣刀用环切或行切法走刀，铣削去型腔的多余材料，并留出轮廓（包括岛）和型腔底的精加工余量，然后根据型腔轮廓（及岛）圆角半径和轮廓（及岛）以及型腔底的过渡圆角选择环铣刀沿型腔底面和轮廓（及岛）走刀，精铣削型腔底面和边界外形。

当型腔较深时，则要分层进行粗加工。这时还需要定义每一层粗加工的深度以及型腔的实际深度，以便计算需要分多少层进行粗加工。

3.4.1.2   行切法加工刀具轨迹的生成

1. 行切法加工刀具轨迹的计算过程

行切法加工刀具轨迹的计算过程是：根据型腔轮廓形状，首先确定走刀轨迹的角度

（与 X 轴的夹角），可以是 0°（与 X 轴平行）、90°（与 Y 轴平行）或任意其他方向的角度；然后根据刀具半径及加工精度要求确定走刀步长 L，接着根据平面型腔边界轮廓外形（包括岛屿的外形）、刀具半径和精加工余量计算行距 S，并确定各切削行的刀具轨迹；最后将各行刀具轨迹线段有序连接起来。连接的方式可以是单向（顺铣或逆铣方式不变）的，也可以是双向（顺铣、逆铣方式交替变化）的。单向连接因换向而需要抬刀（到安全面高度），遇到岛屿时也需要抬刀；双向连接则不需要抬刀。

2. 对于有岛屿的刀具轨迹线段的连接步骤

对于有岛屿的刀具轨迹线段的连接，需要采用以下步骤确定：

（1）生成封闭的边界轮廓（含岛屿的边界）。

（2）生成边界（含岛屿的边界）轮廓等距线。该等距线距离边界轮廓的距离为精加工余量与刀具半径之和。如图 3 - 10 所示，实线为型腔及岛屿的边界轮廓，虚线为其等距线。

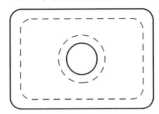

图 3 - 10　生成边界（含岛屿的边界）轮廓等距线

（3）计算各行刀具轨迹。以刀具路径角度方向（本例与 X 轴平行），从上述边界轮廓等距线的第一条切线的切点开始逐行计算每一条行切刀具轨迹线与上述等距线的交点，生成各切削行的刀具轨迹线段，如图 3 - 11 所示。

第一条刀具轨迹线段

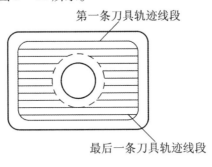

最后一条刀具轨迹线段

图 3 - 11　计算各行刀具轨迹

（4）有序连接各刀具的轨迹线段。从第一条刀具轨迹线段（所有线段均为直线，第一条可能只有一个切点）开始，将前一行最后一条刀具轨迹线段的终点和下一行第一条刀具轨迹的起点沿边界轮廓等距线连接起来。同一行中的不同刀具轨迹线段则要通过抬刀再下刀的方式将刀具轨迹连接起来，即在前一段刀具轨迹的终点处将刀具抬起至安全面高度，用直线连接到下一段刀具轨迹起点的安全面高度处，再下刀至这一段刀具轨迹的起点进行加工，如图 3 - 12 所示；或沿岛屿的等距线运动到下一行的下一条刀具轨迹线段的起点处，将刀具轨迹连接起来，如图 3 - 13 所示。采用图 3 - 13 所示的方法生成刀具轨迹，将避免加工过程中的垂直进刀。由于平底端铣刀不宜垂直进刀，故平面型腔的行切加工一般均采用双向走刀；在不能避免垂直进刀的情况下，需要预先在垂直进刀的位置钻一个进刀工艺孔。

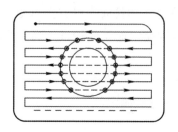 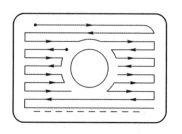

· 表示下刀　⊗ 表示抬刀

图 3 - 12　遇到岛屿抬刀加工路径　　　　图 3 - 13　不抬刀粗加工路径

（5）最后刀具沿型腔和岛屿的等距线运动，生成最后一条精加工刀具轨迹，如图 3 - 14 所示。

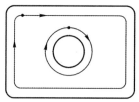

图 3 - 14　型腔和岛屿精加工路径

3. 4. 1. 3　环切法加工刀具轨迹的生成

环切法加工分为顺铣（见图 3 - 15）和逆铣（见图 3 - 16）两种，其刀具轨迹是沿型腔边界走等距线，优点是铣刀的切削方式不变。

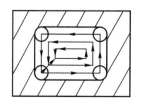 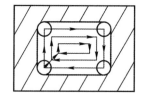

图 3 - 15　环切法顺铣加工　　　　图 3 - 16　环切法逆铣加工

平面型腔的环切法加工刀具轨迹的计算可以归结为平面封闭轮廓曲线的等距线计算，即可以采用直接偏置法进行计算。如图 3 - 17 所示，其算法步骤如下：

（1）根据铣刀直径及余量按一定的偏置距离对封闭轮廓曲线的每一条边界曲线分别计算等距线。

（2）对各条等距线进行裁剪或延长，使之连接形成封闭曲线。

（3）对自相交的等距线进行处理，判断其是否和岛屿、边界轮廓曲线干涉，去掉多余部分，得到基于上述偏置距离的封闭等距线。

（4）重复上述过程，直到确定所有待加工区域为止。

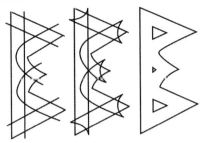

图 3 - 17　直接偏置法

在铣削带岛屿槽型零件时，为了避免刀具多次嵌入式切入，一般应选择环切加工路线。

3.4.1.4　平面字符数控加工刀具轨迹的生成

平面上的字符雕刻是一种常见的切削加工，其数控雕刻加工刀具轨迹生成方法依赖于所要雕刻加工的字符。原则上讲，凹陷字符雕刻加工刀具轨迹采用外形轮廓铣削加工的方式沿着字符轮廓生成。

对于线条型字符和斜体字符，直接利用字符轮廓生成字符雕刻加工刀具轨迹，同一字符不同笔画间和不同字符间均采用"抬刀→移位→下刀"的方法将分段刀具轨迹连接起来，以形成连续的刀具轨迹。这种刀具轨迹不考虑刀具半径补偿，字符线条的宽度直接由刀尖直径确定，如图 3 - 18 所示。

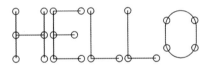

图 3 - 18　直接加工

对于有一定线条宽度的方块字符和罗马字符，也要采用外形轮廓铣削加工方式生成刀具轨迹，这时刀尖直径一般略小于线条宽度。如果线条特别宽，而又不能采用大一点的刀具（因为字符中到处有尖角）时，则将字符轮廓线包围的区域视为平面型腔，采用平面型腔铣削加工方式生成数控雕刻加工的刀具轨迹，如图 3 - 19 所示。

图 3 - 19　阴字加工

如果要使字符呈凸起状态，则要将字符定义为岛屿，按带岛屿的型腔加工方法生成凸起字符的数控雕刻加工刀具轨迹。与普通带岛屿型腔加工不同的是，凸起字符的加工一般采用雕刻刀，直接用截平面法进行加工，即遇到凸起字符的线条时抬刀，越过线条后进刀。图章的雕刻加工就是一种典型的凸起字符的雕刻加工。此方法加工精度较低，但如果采用计算机自动编程，则加工精度可达到较高的水平，如图 3 - 20 所示。

图 3 - 20 阳字加工

3.4.2 读图与识图、坐标系的确定

在平面型腔类零件自动编程加工前，必须对所需加工的零件进行正确的读图和识图，并确定编程坐标系。

（1）与二维轮廓铣削加工一样，平面型腔类零件自动编程加工必须遵循四基准重合原则，合理、正确地选择和确定编程坐标系。

（2）正确识别和处理型腔与岛屿及它们的区域边界线，在保证零件形状、尺寸精度、位置精度的前提下做适当的加工辅助线。由这些加工辅助线构成的切削区域应尽可能地减少切削量，提高加工效率。

（3）正确处理和使用预钻孔。选择合适的预钻点是保证切入/切出顺利进行、提高工作效率的有效手段。

（4）正确读出、识别图中深浅不一的各型腔部位，合理安排加工顺序。

3.4.3 粗、精加工安排，余量分配

（1）正确处理型腔及岛屿的加工顺序。在不同加工区域深度相同的加工部位，粗加工或精加工应尽量安排一次加工完成，以减少刀具交换。

（2）在内凹半径值 R 较小的情况下，应尽可能地安排较大的刀具以去除大部分残余材料，然后按图纸要求的最小刀具来保证零件的尺寸精度。在余量仍然过大时，可采用在中间多增加几次去除材料的步骤。如图 3 - 21 所示，应先按 ϕ20 mm 刀具加工并留 0.5 mm 的余量，再采用 ϕ12 mm 的刀具进行外形切削，侧面留 0.2 mm 的余量，最后采用 ϕ8 mm 的刀具进行精加工。

（3）粗加工应尽量采取逆铣，这是由于在粗加工时是全刃切削或是切削余量大。精加工应尽量采用顺铣，以提高型腔侧壁表面的光洁度。

（4）在槽加工中应尽量减少空切段，减少为避开岛屿的抬刀次数。全部路径应连续，无较多的底面扎刀痕迹。

（5）在粗加工完成后，留给精加工的余量应尽量均匀，避免大的波峰、波谷类残余材料。一般视刀具、材料、工件材料、切削深度等因素，给精加工留 0.1 ~ 0.2 mm 的余量。

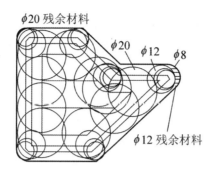

图 3 – 21　内凹半径值 R 较小的情况下的走刀方式

（6）由于型腔铣削是直接按指定刀具直径进行编制刀具路径和加工程序的，因此，在粗加工过程中是无法通过调整刀具半径补偿值来修正加工路径的，即在程序编制完成后的工艺单中所指定的刀具直径（编程刀具）为实际用刀具。因此，在粗加工完后，必须安排带有刀具补偿功能和代码的二维轮廓铣削进行精加工，以达到调整和保证零件尺寸精度的要求。

（7）如果型腔深度过深，则在深度方向上必须安排分层粗加工。每层切削深度可视刀具强度、硬度、材料及工件材料等因素而定，如图 3 – 22 所示。

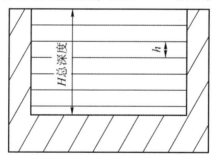

图 3 – 22　型腔深度分层

3.5　平面型腔及平面自动编程铣削方式

3.5.1　平面型腔粗、精加工

平面型腔的数控加工方法虽然在总体上分为行切法和环切法两种切削加工方式，但根据使用的自动编程软件的不同，所提供的铣削方法也有所不同。Mastercam 软件提供了 8 种型腔的加工方式，而每种方式针对不同类型的零件各有优缺点，在使用时应分别对待。

例如，对图 3 – 7 所示的两岛屿型腔进行平面型腔挖槽铣削加工后，应分别串联需挖槽的刀具路径线，并配置加工参数。这里，刀具参数和挖槽参数略，主要针对粗、精加工方式进行讲述。在选择粗、精加工参数配置后，系统将提供 8 种加工方法，如图 3 – 23 所示。

1. 粗加工参数

Stepover 输入框：用于设置切削间距，按刀具直径的百分比计算。

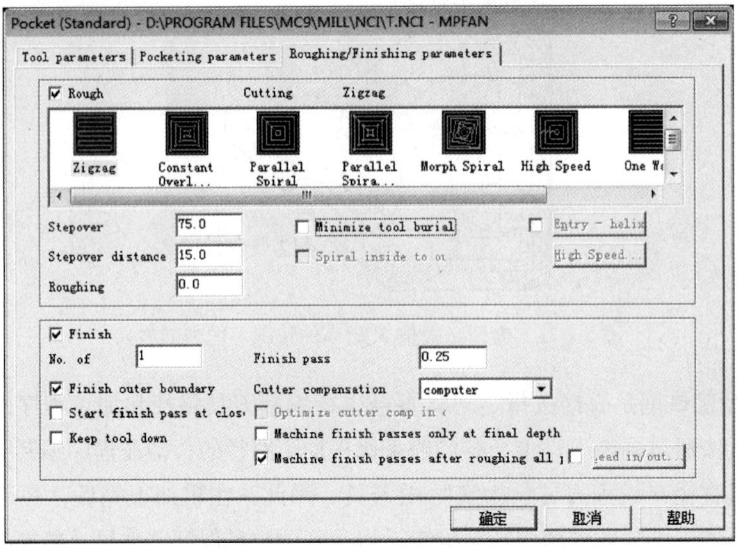

图 3 - 23   平面型腔挖槽切削参数

Stepover distance 输入框：直接以 mm 定义切削距离，与刀具直径百分比值对应。

Roughing 输入框：设置粗加工刀具切削角度，即刀具切削路径移动的角度。注：这个参数只针对 Zigzag（双向粗加工）和 One Way（单向铣削）两种切削方式起作用；对于其他加工方式，该参数值不起作用。

Minimize tool burial 复选框：设置刀具插入最小切削量。此参数用于设定刀具以最小切削量的方式插入。当环绕切削内腔岛屿时，提供优化刀具路径，用以避免损坏刀具，要使用较小刀具插入。注：这个参数将增加切削时间及程式长度，但可减少刀具的磨损及损坏，并可适当提高被加工零件的表面精度。这个参数只针对 Zigzag（双向粗加工）、Constant Overlap Spird（等距重叠螺旋线铣削）、Parallel Spiral（平行螺旋线铣削）、Parallel Spiral，clean corners（平行螺旋线铣削并清角）4 种切削方式起作用。

Spiral inside to outside 复选框：螺旋铣削从内至外。此参数用于设定刀具在螺旋铣削挖槽时，其刀具路径将以从内腔中心（内）至内腔壁（外部）的方式进行加工。注：这个参数对除 Zigzag（双向粗加工）和 One Way（单向铣削）两种切削方式外的所有加工方式均起作用。

Entry-helix/Ramp 复选框：螺旋铣削切入方式，有如下两种方式。

Helix：螺旋切入。此参数用于设定刀具以螺旋方式从毛坯表面切入到切削深度。

Ramp：斜角切入。此参数用于设定刀具以一定的斜角方式从毛坯表面切入到切削深度。

Helix 和 Ramp 这两个参数必须同时配合使用。螺旋铣削切入方式的作用是，减小机械振动的同时保护了刀具，并提高了工件加工的表面精度。

High Speed：高速铣削参数配置。

2. 精加工参数

No. of 输入框：精加工次数。

Finish pass 输入框：精加工铣削余量。

Finish outer boundary 复选框：选择该复选框，内腔壁和内腔岛屿将被一次精加工完成，否则，只精加工岛屿。

Start finish pass at close 复选框：在封闭型腔中启动精加工。

Keep tool down 复选框：保持刀具在周边和岛屿切削时不抬刀。

Cutter compensation 下拉列表：缺省补偿方式。（其四种补偿方式为：Computer 为计算机内部补偿，Control 为控制器补偿，Wear 为正方向线性磨损补偿，Reverse wear 为反方向线性磨损补偿。）

Optimize cutter compensation 复选框：优化铣刀补偿。

Machine finish passes only at final depth 复选框：机床只有在加工到最后深度时才进行精加工，否则精加工铣削至全部深度。

Machine finish passes after roughing all 复选框：粗加工完成所有内腔后，机床再进行精加工。

Lead in/out 复选框：切入/切出方式。其参数同外形铣削方式的切入/切出方式。

3. 粗加工的 8 种加工方式

（1）Zigzag（双向粗加工）。这种方法使用往复的双向直线进行切削，且粗加工完成后余量相当不均匀，如图 3 - 24 所示。

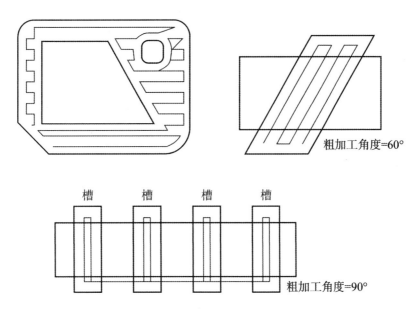

图 3 - 24　双向粗加工

这种加工方法在封闭的型腔中不常使用，主要用在开口并且各边平行的槽类加工中。灵活使用这种加工方式可以提高加工效率。

（2）Constant Overlap Spiral（等距重叠螺旋线铣削）。以等距并按指定的重叠量进行螺旋线路径铣削，并且在一周切除之后，重新计算剩余毛坯切削量，重新调整加工路径。这样可以清除干净所有的毛坯，如图 3 - 25 所示。

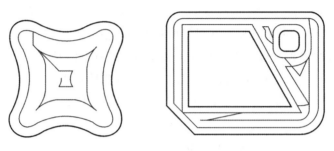

图 3 - 25　等距重叠螺旋线铣削

这种粗加工方法是普通平面零件型腔加工中最常用的方式，该方式的优点是可以完全去除残余材料，特别是在多种类型的岛屿形状和型腔形状交替的情况下。

（3）Parallel Spiral（平行螺旋线铣削）。如图 3 - 26 所示，该方式建立与型腔外边界线平行的刀具路径线，但该方式在某些情况下无法将残余角清除干净，尤其是在复杂的平面内外型腔且余量极为不均匀的情况下，但在规则的型腔中是可以将残余角去除干净的。此方式的优点是程序较等距重叠螺旋线铣削方式短。

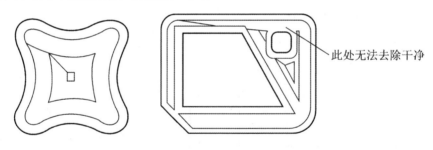

此处无法去除干净

图 3 - 26　平行螺旋线铣削

（4）Parallel Spiral，clean corners（平行螺旋线铣削并清角）。这种方式采用平行螺旋线的形式粗加工内腔，但在内腔每条刀具路径的拐角处增加一个小的清除残余材料的加工。这种方式虽然增加了实用性，但仍不能保证将毛坯残余材料完全清除干净，如图 3 - 27 所示。

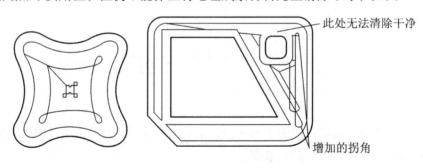

此处无法清除干净

增加的拐角

图 3 - 27　平行螺旋线铣削并清角

（5）Morph Spiral（分步螺旋线铣削）。这种方式是在外部边界和岛屿之间用渐进的螺旋线进行插补，粗加工内腔。如果使用这种方式，内型腔中最多只能加工一个岛屿，否则加工路径将会非常多，程序会非常大，如图 3－28 所示。

注：用这种方式做出的加工路径，其 NC 程式很长。

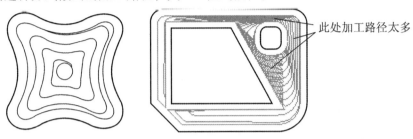

图 3－28　分步螺旋线铣削

（6）High Speed（高速铣削）。这种方法采用内部螺旋线形式，可以很好地切削掉残余材料，达到比较理想的清角状态，并在 NC 程式中几乎全部使用 G02/G03 代码，因此程式并不长，且能获得理想的加工效果。需要注意的是，在较窄区域（虽然余量宽度大于刀具直径）处，这种刀具路径可能无法通过，如图 3－29 所示。这种刀具路径所加工出的型腔底面粗糙度较好。

此处刀具路径没有进入

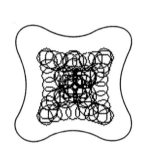 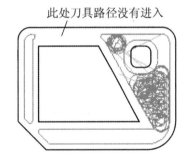

图 3－29　高速铣削

（7）True Spiral（完全螺旋线铣削）。这种方法用所有正切圆弧进行粗加工铣削，其路径为刀具提供了一个平滑的运动、一个短的 NC 程序和一个较好的全部清除毛坯余量的加工，如图 3－30 所示。

 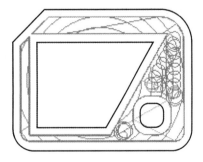

图 3－30　完全螺旋线铣削

（8）One Way（单向铣削）。这种方法从一个方向粗加工内腔，如图 3 - 31 所示。这种加工方法中，扎刀的情况比较多，并且粗加工完成后的余量相当不均匀，因此在使用时应特别注意。但如果同 Zigzag（双向粗加工）使用方法一致时，在槽的加工中就有着特殊的用途。

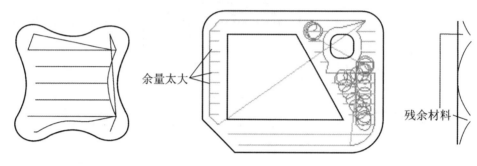

余量太大

残余材料

图 3 - 31　单向铣削

4. 型腔精加工的配合使用

对于平面型腔的精加工，主要是对外边界和岛屿的侧壁进行铣削加工，一般采用以下两种方式。

（1）使用挖槽参数中的 Finish（精加工），配置 Lead in/out（引入/引出线）参数，但该参数中没有 Enter/exit at midpoint in closed contours 复选框，因此在精加工时，切入点将是串联挖槽曲线时的第一个曲线的起点。如果没有特殊情况，一般使用该方式。

（2）采用 Contour（二维轮廓铣削）直接进行外形铣削加工，即用第 2 章所讲述的方式进行加工。

3.5.2　平面铣削

平面铣削的参数如图 3 - 32 所示。

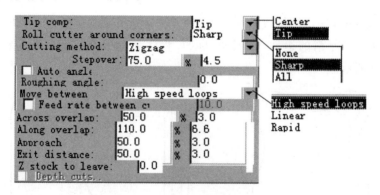

图 3 - 32　平面铣削参数

Tip comp 下拉列表：刀尖对刀方式。其中，Tip 为刀尖对刀，Center 为刀心对刀。

Roll cutter around corners 下拉列表：拐角方法。None 为不拐角；Sharp 为部分圆角；All 为全部尖角处拐角。

Auto angle 复选框：采用自动角度（在 *XOY* 面的投影角度）进行切削。

Roughing angle 输入框：用于定义粗加工的角度值。

Move between 下拉列表：两刀间距之间的移动方式。High speed loops 为高速 G01 方式；Linear 为正常切削 G01 方式；Rapid 为 G00 方式。

Feed rate between cuts 复选框：两刀间距之间的移动进给量。

Across overlap 输入框：在截面方向上，刀具切出的超越量。

Along overlap 输入框：在切削方向上，刀具切出的超越量。

Approach 输入框：起刀线长度。

Exit distance 输入框：退刀线长度。

Z stock to leave 输入框：*Z* 深度方向留余量。

平面铣削的刀具路径如图 3 – 33 所示。

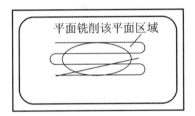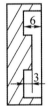

图 3 – 33　平面铣削刀具路径

3.5.3　铣削刀具和切削参数分析

在平面型腔铣削的加工中，所使用的刀具主要以端面立铣刀、键槽刀、圆角刀为主，而在平面铣削中，主要以端面立铣刀和端面盘铣刀（飞刀）为主。

平面型腔影响刀具规格选用的主要因素是型腔各内拐角处圆弧半径值 *R* 的大小，且由于型腔类零件的切削材料和残余材料都较多，因此，为保证刀具在切削时具有足够的刀具强度、较好的切削性能，以及在型腔较深时，为提高加工效率而降低生产成本或采用较大的分层深度等，应尽可能地选择直径较大的刀具，在粗加工完成后再选用与内拐角处圆弧半径值 *R* 一致的刀具来保证型腔尺寸的精度要求和表面粗糙度。

对于较深的平面型腔，在加工条件允许的情况下，应使用预钻孔方式在确定的下刀点位置先钻好下刀孔，以减少垂直切削性能差的影响，并提高切削速度和切削效率。而在平面铣削加工中，一般的平面铣削对刀具没有特殊要求，只要选用能尽可能多地去除残余材料的刀具即可。

在切削参数的选择和设定方面，要考虑垂直切削而又无预钻孔时的下刀速度应慢（一般为正常切削速度的一半），其余切削参数与二维轮廓铣削基本一致，这里不再叙述。

3.6　普通平面带岛屿型腔类及平面铣削零件加工实例

在数控铣削中，40% 以上都是型腔类零件的加工，而在加工这类零件时，数控自动编程的使用率为 95% 以上。因此，对于数控的型腔类零件采用正确的自动编程步骤和方法是非常重要的，而型腔类零件中最常见的就是平面带岛屿型腔。下面就以图 3 – 34 所示零件为例，介绍型腔铣削的自动编程加工。

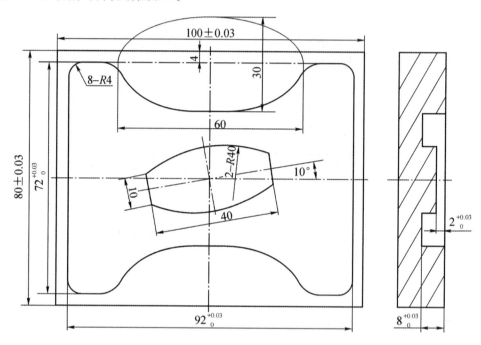

图 3 – 34　平面带岛屿型腔

1. 图纸分析及图纸转换

通过读图分析及计算图中允许刀具通过最小宽度和最小内圆弧半径 R4 mm 得知，该零件为一封闭型的平面型腔，并且型腔内部带有一岛屿，因此该零件应采用平面型腔铣削。从中间的岛屿分析图纸尺寸得知，其岛屿高度只有 6 mm，型腔深度为 8 mm，因此岛屿上表面应采用平面铣削加工。由于该零件为封闭的型腔外边界和封闭的岛屿，因此在型腔铣削和平面铣削时不再需要进行图纸转换。

2. 自动编程加工工艺分析

（1）编程坐标系的确定。通过读图分析得知，该零件为一个对称性零件，因此根据四基准重合原则可确定编程坐标系原点在工件中心处，根据深度 $8^{+0.03}_{0}$ mm 确定工件坐标系的 Z 零点位于工件上表面。

（2）粗、精加工安排，余量分配。

粗加工：在型腔外边界处均匀留 0.2 mm 余量，内岛屿周边留 0.2 mm 余量，粗加工采用平面挖槽方式加工。

精加工：采用二维轮廓铣削加工，并单边去掉 0.22 mm 余量。

平面铣削：测量或计算中间岛屿最大宽度处为 21.618 mm，因此可以选用 ϕ16 mm 立铣刀。

（3）切入/切出及加工路线分析。粗加工的切入/切出采用计算机自动计算进入点。外边界的精加工切入/切出点选择在型腔较为开阔的左或右两直线的中点处。内轮廓的切入/切出点选择在两端直线中某一个的中点处。为避免切伤工件，切入/切出角度设置为 60°。

（4）刀具选用、切削参数及数控加工工艺卡片。通过作图或计算，连接椭圆和 R40 mm 圆弧，截取中间段测量尺寸为 10.358 mm，但同时为保证 8 - R4 mm 圆角清根及保证切削性能，选用 ϕ8 mm 立铣刀进行编程与加工，在粗加工时采用斜线进刀方式。选择切削参数并编制数控加工工艺卡片如表 3 - 1 所示。

表 3 - 1　数控加工工艺卡片

企业（学校）名称	数控加工工序卡片	产品名称或代号	零件名称	零件代号（图号）		零件材料及热处理
×××××学院		模具	注塑模			45#钢
工艺序号	程序编号	夹具名称	夹具编号	使用设备	车间	inch/mm
1	0001			FANUC 0i		mm
工步号	工步内容	刀具号	刀具名称	刀具规格/mm	主轴转速/(r·min⁻¹)	进给量/(mm·min⁻¹)	切削深度/mm	备注

工步号	工步内容	刀具号	刀具名称	刀具规格/mm	主轴转速/$(r \cdot min^{-1})$	进给量/$(mm \cdot min^{-1})$	切削深度/mm	备注
1	型腔粗加工	T1	立铣刀	ϕ8	700	50	8	
2	型腔精加工	T1	立铣刀	ϕ8	700	50	8	
3	岛屿平面铣削	T2	立铣刀	ϕ16	350	50	2	

零件草图、编程原点、工件坐标系、对刀点		是否附程序清单	是

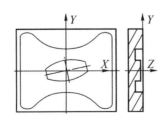

编制		审核		批准		年　月　日	共　页	第　页

3. 自动编程操作及步骤

（1）在 Mastercam 软件中以公制单位，在构图平面和视图平面均为俯视图（TOP）的环境下绘制如图 3 - 34 所示的主视图图形，编程坐标系原点位于工件中心处。

（2）选择命令 Main Menu/Toolpaths/Operations，在刀具路径管理器中单击鼠标右键，选择弹出菜单 Pocket（挖槽），串联选择型腔外边界及内轮廓。必须注意的是，由于在型腔粗加工中直接进行精加工操作，因此串联方向所形成的刀具补偿方式必须一致，如图 3 - 35 所示。

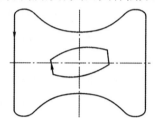

图 3 - 35　边界和岛屿的串联选择

（3）配置型腔铣削参数。

刀具参数设置：建立 ϕ7.99 mm 立铣刀。Feed rate（进给量）值为 50 mm/min，Plunge（下刀进给量）值为 30 mm/min，Spindle（主轴转速）值为 700 r/min，Coolant（冷却液）为 Flood（液态）。

挖槽参数设置：Clear（安全高度）值为 200 mm，Retract（退刀高度）值为 20 mm，Feed plane（进给平面）值为 5 mm，Depth（切削深度）值为 - 8 mm。

粗加工参数设置：采用 Constant Overlap Spiral（等距重叠螺旋线铣削）方式，Stepover（切削间距）值为 75 mm。

激活 Entry-Ramp 复选框，即采用斜线进刀方式，具体参数配置如图 3 - 36 所示。其中，部分参数的含义为：Minimum/Maximum length，最小/最大切削直线长度；Z clearance，从该高度开始切削；XY clearance，XY 方向的安全距离；Plunge zig/zag，往复下刀的 Z 深度，按刀具直径百分比进行设置。

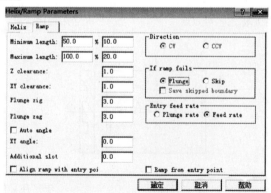

图 3 - 36　Entry-Ramp 参数设置

精加工参数设置：Finish pass（精加工余量）值为 0.2 mm，Cutter compensation（缺省补偿方式）为 Control（控制器补偿）。

激活 Lead in/out（引入/引出线）复选框，相关参数配置为：引入/引出直线长度和圆弧半径为 8 mm，圆弧圆心角为 60°。

（4）型腔粗、精加工刀具路径如图 3-37 所示。

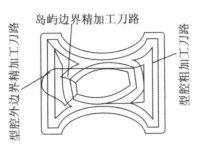

图 3-37　型腔粗、精加工刀具路径

（5）岛屿平面铣削。选择命令 Main Menu/Toolpaths/Operations，在刀具路径管理器中单击鼠标右键，选择弹出菜单 Face（平面铣削），串联选择型腔岛屿，串联和刀具路径方向如图 3-38 所示，具体参数配置如图 3-39所示。

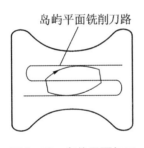

图 3-38　岛屿平面加工

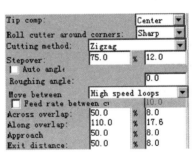

图 3-39　岛屿加工参数

（6）实体校检加工。选择 Toolpaths/Operations/Verify 命令，进行模拟加工，如图 3-40 所示。

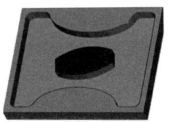

图 3-40　实体校检加工效果图

（7）选择 Toolpaths/Operations，在刀具路径管理器中选择 Post/change post，并选择"软

件目录\Mill\PostsMPFAN. PST"后处理程序或自行修改好的后处理程序文件进行输出数控加工程序。

```
%
O0000
N100G54G90S700M3
N102G0X – 40. 005Y27. 869
N104Z10. M8
N106G1Z1. F30.
N108X – 40. 805Z. 859F50.
N110X – 32. 431Z – . 617
N112X – 40. 805Z – 2. 094
…
N1434G1G40X – 32. 356Y5. 392
N1436G0Z50.
N1438M09
N1440G49G0Z200. M05
N1442M01
/N1444T2
/N1446M6
N1448G54G90S2387M3
…
N1470G1X36. 151
N1472G0Z50.
N1474M30
%
```

4. 机床加工操作实践

（1）将机床与计算机 RS232 接口用通信电缆进行连接。

（2）运行计算机端传输软件 Winpcin，调整 Winpcin 传输参数与机床端设置一致，将程序传输进机床存储器，调试试切后即可进行加工。

3.7 平面开口型腔类零件加工实例

如前所述，在平面型腔零件的加工中，有许多型腔类的零件在图形上不易看出是封闭型的，还是开放型的，而通过分析后才能确定为开放型腔。对这类零件的加工比较灵活，这是因为其型腔边界并不是直接在图纸上能够看到，需要通过分析、计算后确定合理的加工边界，而边界的不合理会导致程序庞大、零件加工错误，甚至造成零件报废。下面以图 3 - 41 为例介绍平面开口型腔类零件的自动编程与加工。

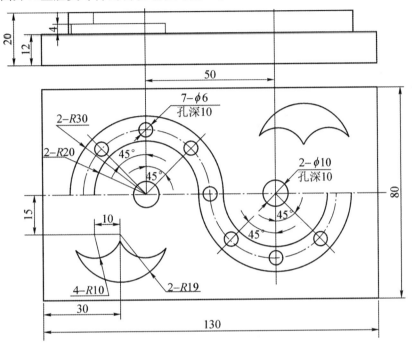

图 3 - 41　平面开口型腔类零件

1. 图纸分析及图纸转换

对于开口型腔，图纸分析是非常关键和重要的。图 3 - 41 所示零件是一个典型的开口型腔，从图中可以看出，中间为一个 S 形凸台，高度为 8 mm；左下、右上为两个凸起月牙台，高度为 4 mm。从图纸中找不到该零件的边界线。

如果简单地以该零件的 130 mm × 80 mm 外边界为型腔边界线，那么会存在以下情况：

（1）由于铣刀的特性，在四个角落处无法完全清除残余材料。

（2）根据图纸分析和计算，位于左上、右下的 S 形凸台距离零件最外边界的最小距离为 10 mm，位于左下、右上的两月牙台距离零件最外边界的最小距离为 6 mm，如图 3 - 42 所示。

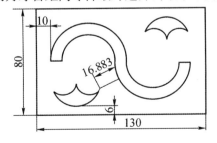

图 3 - 42　实际边距测量和计算

（3）由 S 形凸台和月牙台这两处与边界的最短距离决定，只能采用直径为 $\phi6$ mm 以下的铣刀进行加工，而该零件的余量较大，显然这样极不合理。

根据以上分析可知，测量零件上允许刀具通过的最小距离为 16.883 mm，即 $R25$ mm 到月牙台最近的一个尖角处的距离，如图 3-42 所示。在理论上只要选择小于或等于 $\phi16$ mm 以下直径的铣刀就可以加工，由此必须扩大零件的最外边界线。现确定采用 $\phi12$ mm 的立铣刀进行粗加工，并进行计算和扩边。在扩边过程中，不能简单地将外边界直接扩大为 12 mm，这是因为扩边太大没有任何意义，只会使刀具空切，因此应按以下步骤进行扩边：

（1）首先，考虑长度方向上尺寸为 130 mm，两边最小距离为 10 mm，确定粗加工给精加工留余量为 0.3 mm 及足够的刀具允许通过宽度，因此刀具能够通过的最小距离为 14.6 mm。为作图和计算方便，单边扩 5 mm，零件总长度为 140 mm。

（2）其次，考虑宽度方向上尺寸为 80 mm，两边最小距离为 6mm，同上述方法一致，为保证余量和刀具顺利通过，单边扩 9 mm，转换后的加工图如图 3-43 所示。

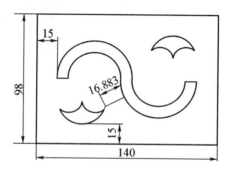

图 3-43 扩展边界后边距计算

2. 自动编程加工工艺分析

（1）编程坐标系的确定。通过读图分析得知，该零件为一个典型的对称性零件，因此根据四基准重合原则，确定编程坐标系原点在工件中心处，根据深度尺寸 12 mm 及 4 mm 确定工件坐标系的 Z 向零点位于工件底面。

（2）粗、精加工安排，余量分配。

粗加工：在型腔外边界处均匀留 0.2～0.3 mm 余量，内岛屿周边留 0.2 mm 余量，粗加工采用平面挖槽方式加工。

精加工：采用单独的二维轮廓铣削加工 S 形台和两个月牙台，并单边去掉 0.22 mm 余量。

平面铣削：由图 3-41 中的 $R19$ mm 决定采用 $\phi16$ mm 立铣刀（该步骤本例中略）。

（3）切入/切出及加工路线分析。粗加工的切入/切出采用计算机自动计算切入点。S 形台在其中任意一个外凸的 $R30$ mm 圆弧的中点进行切入，两月牙台在 $R19$ mm 圆弧的中点进行切入。

（4）刀具选用、切削参数及数控加工工艺卡片。根据上述分析，选择切削参数并编制数控加工工艺卡片，如表 3-2 所示。

表 3 - 2　数控加工工艺卡片

企业（学校）名称	数控加工工序卡片	产品名称或代号	零件名称	零件代号（图号）		零件材料及热处理
×××××学院		模具	S 形台			45#
工艺序号	程序编号	夹具名称	夹具编号	使用设备	车间	inch/mm
1	0001			FANUC 0i		mm

工步号	工步内容	刀具号	刀具名称	刀具规格/mm	主轴转速/$(r \cdot min^{-1})$	进给量/$(mm \cdot min^{-1})$	切削深度/mm	备注
1	型腔粗加工	T1	立铣刀	ϕ12	550	40	8	
2	三处岛屿精加工	T1	立铣刀	ϕ12	550	50	8	
3	两处月牙台平面铣削	T2	立铣刀	ϕ16	350	50	4	

零件草图、编程原点、工件坐标系、对刀点			是否附程序清单		是
图略					
编制	审核	批准	年　月　日	共　页	第　页

3. 自动编程操作及步骤

（1）在 Mastercam 软件中以公制单位，在构图平面和视图平面均为俯视图（TOP）的环境下绘制如图 3 -43 所示的图形，编程坐标系原点位于工件中心处。

（2）选择命令 Main Menu/Toolpaths/Operations，在刀具路径管理器中单击鼠标右键，选择弹出菜单 Pocket（挖槽），串联选择型腔外边界及内轮廓。由于在这步操作中不使用精加工，因此串联方向任意。

（3）配置型腔铣削参数。

刀具参数设置：建立 ϕ2 mm 立铣刀。设置 Feed rate（进给量）值为 40 mm/min，Plunge（下刀进给量）值为 20 mm/min，Spindle（主轴转速）值为 70 r/min，Coolant（冷却液）为 Flood（液态）。

挖槽参数设置：设置 Clear（安全高度）值为 200 mm，Retract（退刀高度）值为 20 mm，Feed plane（进给平面）值为 5 mm，Depth（切削深度）值为 -8 mm。

粗加工参数设置：采用 Constant Overlap Spiral（等距重叠螺旋线铣削）方式，设置 Stepover（切削间距）值为 75 mm。

激活 Entry-Ramp 复选框，即采用斜线进刀方式，相关参数配置同图 3 -36 所示，注意精加工参数 Finish 需要关闭。

（4）型腔粗加工刀具路径如图 3 -44 所示。

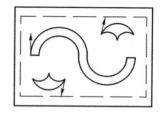

图 3 - 44　型腔粗加工刀具路径　　　　　　图 3 - 45　岛屿串联方向

（5）三处岛屿精加工刀具路径。选择命令 Main Menu/Toolpaths/Operations，在刀具路径管理器中单击鼠标右键，选择弹出菜单 Contour（二维轮廓铣削），串联选择三处岛屿，注意串联起点及方向必须一致，如图 3 - 45 所示。

（6）刀具参数。使用 T1 刀具，参数略。

（7）精加工参数。需要注意由于月牙台尖角太尖，因此必须使用 Wear（正方向线性磨损补偿）方式在尖角处产生圆角以达到过渡的目的，否则将会切伤中间的 S 形凸台。如图 3 - 46 所示为控制器补偿方式，图 3 - 47 所示为线性补偿方式。Lead in/out（引入/引出线）参数按默认值设置，并将中点切入开关打开。

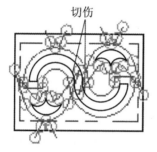

图 3 - 46　零件切伤　　　　　　图 3 - 47　线性补偿后完整精加工刀具路径

（8）两月牙台平面铣削（略）。

（9）实体校检加工。选择 Toolpaths/Operations/Verify 进行模拟加工，如图 3 - 48 所示。

图 3 - 48　实体校检加工效果图

（10）后置处理程序文件输出为数控加工程序（方法同前例，略）。

4. 机床加工操作实践

方法同前例，此处略去介绍。

3.8 平面刻字加工实例

平面型腔的另一种加工方式——刻字加工，由于数控机床高精度控制性能的提高而逐渐得以推广和使用。刻字加工常见的分为阴字和阳字，即凹体字和凸起字，虽然加工出的效果不同，但具体操作和自动编程方法大体相同。本节以图 3 - 49 所示的刻"福"字（材料为铝，深度为 0.25 mm）为例进行讲解。

 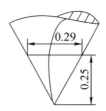

图 3 - 49　刻字加工　　　　　　　　图 3 - 50　刻字加工刀具设计

1. 图纸分析及图纸转换

按图纸做出零件图形，需要注意的是，如果加工凸字，周边界线应按 11.5 mm × 11.5 mm 绘制，留出边界。

2. 自动编程加工工艺分析

（1）编程坐标系的确定。确定编程坐标系原点在工件中心处。

（2）粗、精加工安排，余量分配。

凹字：以字形为边界，进行简单的型腔挖槽方式加工，字边留 0.05 mm 以便精加工。

凸字：以字形为岛屿、正方形为边界，进行带岛屿的封闭型腔挖槽方式加工，字边留 0.05 mm 以便精加工。

（3）刀具选用、切削参数及数控加工工艺卡片。由于在字形加工中，小尺寸字形及局部小的区域是不容易加工的，因此，不能采用普通立铣刀加工，而应采用特制和特殊刃磨的刀具进行加工。对于本例，由于深度为 0.25 mm，因此在自动编程中所设置的刀具大小的合理与否将直接决定程序的长短和加工的粗糙度。而特殊刀具一般采用废旧键槽铣刀进行刃磨，为了保证刀具具有足够的强度和切削性能，通常采用夹角为 60°的刀具，如图 3 - 50 所示。通过作图或计算确定采用刀具直径为 ϕ0.3 mm，主要切削参数如表 3 - 3 所示。

表 3 - 3　刻字采用的刀具参数

刀具名称	刀具规格/mm	主轴转速/(r · min^{-1})	进给量/(mm · min^{-1})	切削深度/mm
刃磨键槽铣刀	ϕ8/ϕ0.3	3 000	300	0.25

3. 自动编程操作及步骤

（1）在 Mastercam 软件中以公制单位，在构图平面和视图平面均为俯视图（TOP）的环境下绘制如图 3 - 49 所示的图形，编程坐标系原点位于正方形中心处。

（2）凹字加工。选择命令 Main Menu/Toolpaths/Operations，在刀具路径管理器中单击鼠标右键，选择弹出菜单 Pocket（挖槽），串联选择字形所有曲线，方向任意。凸字加工同凹字加工方式相同，但需多串联一个外形正方形边界作为残余材料的加工边界。

（3）配置型腔铣削参数。

刀具参数设置：建立 ϕ0.3 mm 立铣刀，其中，Feed rate（进给量）值为 300 mm/min，Plunge（下刀进给量）值为 100 mm/min，Spindle（主轴转速）值为 3 000 r/min，Coolant（冷却液）为 Flood（液态）。

挖槽参数设置：Clear（安全高度）值为 200 mm，Retract（退刀高度）值为 10 mm，Feed plane（进给平面）值为 2 mm，Depth（切削深度）值为 - 0.25 mm。

粗、精加工参数设置：采用 Constant Overlap Spiral（等距重叠螺旋线铣削）方式进行加工，Stepover（切削间距）值为 50 mm，并将参数 Finish（精加工）打开，Finish pass（精加工余量）设置为 0.05 mm，设置 Cutter Compensation（缺省补偿方式）值为 Computer（计算机内部补偿）。其他参数默认。

（4）凹字刀具、凸字刀具路径。凹字刀具路径如图 3 - 51 所示，凸字刀具路径如图 3 - 52所示，分别进行实体校检后的效果如图 3 - 53、图 3 - 54 所示。

图 3 - 51　阴字加工

图 3 - 52　阳字加工

图 3 - 53　阴字加工效果

图 3 - 54　阳字加工效果

（5）后置处理程序文件输出为数控加工程序。程序较长，方法同前例，此处略去介绍。

4. 机床加工操作实践

方法同前例，此处略去介绍。

3.9　平面型腔及平面铣削加工综合实例自动编程实践与操作

在实际加工中，平面型腔类零件大都是多样性的，简单的封闭或单纯的开放型岛屿是很少见的。本例将以图 3 – 55 为实例介绍综合性零件的自动编程实践与操作。

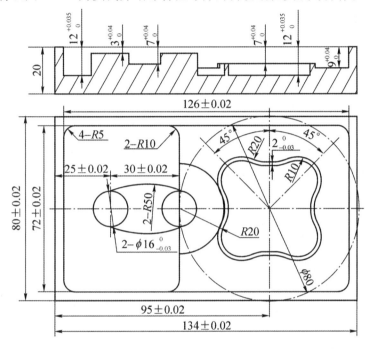

图 3 – 55　椭圆薄壁台

1. 图纸分析及图纸转换

（1）图纸分析。整个型腔零件共有 5 个深度的铣削加工。其中：

① 图中左侧的型腔，最深部分为 12 mm，最小圆角处为 R5 mm，限制刀具最大直径为 ϕ10 mm。

② 左侧型腔中的双圆柱岛屿最高处深度为 3 mm，受边距影响，限制刀具最大直径为 ϕ40 mm。

③ 岛屿中间连接部分（间距为 14 mm，限制刀具最大直径为 ϕ14 mm）与右边型腔中的梅花凸台顶部深度一致，为 7 mm（无刀具最大直径限制）。

④ 右边型腔深度为 9 mm，最小圆角处为 R5 mm，限制刀具最大直径为 ϕ10 mm。

⑤ 梅花型腔深度为 12 mm，最小圆角处为 R8 mm，限制刀具最大直径为 ϕ16 mm。

（2）图纸转换。该型腔既为开口型，又为交叉型，即许多线条是公共的。为了自动编程的准确性和快速性，应对所加工部位分别进行图形绘制。具体方法是将该零件图绘制完成后，采用图层的复制方法在每个图层中复制相同的图形，然后在每一步自动编程时分别修改它们为所需要的加工图。这一部分将在后面的编程中嵌套讲解。

2. 自动编程加工工艺分析

（1）编程坐标系的确定。该零件在俯视图中上下对称，左棱边为尺寸标注基准，主视图中上表面为尺寸标注基准，因此根据四基准重合原则，可确定编程坐标系原点在工件上表面左棱边中点处。

（2）粗、精加工安排，余量分配。由于左边型腔深度为 12 mm，超过刀具直径，加工较为困难，因此，在深度方向上应分两次粗加工，每次深度为 6 mm。由于加工中的让刀现象，故必须在周边均匀留 0.15 mm，用于精加工。

其余位置由于深度均小于所允许采用的刀具的最大直径，因此深度方向不需要留余量，但在周边均需留 0.15 mm，用于精加工。

全部外型腔粗加工完成以后，最后对所有周边一次进行精加工，这是因为型腔加工自身的余量较大。粗加工和精加工应采用单独刀具，这样在精加工过程中，刀具磨损较慢，否则会使刀具因为粗加工时的剧烈磨损而频繁更换。

（3）切入/切出及加工路线分析。所有型腔和轮廓在加工时均选择较为宽阔的位置进行切入。加工路线为：粗加工（左边型腔→右边型腔→双圆柱顶平面→双圆柱中平面→梅花型腔）→精加工（左边型腔外周边→双圆柱周边→双圆柱中平面内边→右边型腔外周边→梅花型腔外边界→梅花型腔内边界）。

（4）刀具选用、切削参数及数控加工工艺卡片。在刀具的选择和使用顺序的安排上必须遵循刀具从小到大的原则；或者可以将粗、精加工分开，即在粗加工中按刀具从小到大的原则使用，在精加工中重新排列顺序，按刀具从小到大的原则使用。根据上述分析，选择切削参数并编制数控加工工艺卡片，如表 3 - 4 所示。

表 3 - 4　数控加工工艺卡片

企业（学校）名称	数控加工工序卡片	产品名称或代号	零件名称	零件代号（图号）		零件材料及热处理
×××××学院		模具	椭圆薄壁台			45#
工艺序号	程序编号	夹具名称	夹具编号	使用设备	车间	inch/mm
1	0001			FANUC 0i		mm

工步号	工步内容	刀具号	刀具名称	刀具规格/mm	主轴转速/(r · min^{-1})	进给量/(mm · min^{-1})	切削深度/mm	备注
1	粗加工（左边型腔 6 mm/层→右边型腔 5 mm/层）	T1	键槽铣刀	ϕ10	550	40		粗加工用刀
2	粗加工（双圆柱顶平面→双圆柱中平面→梅花型腔）	T2	键槽铣刀	ϕ12	550	40		

续表

工步号	工步内容	刀具号	刀具名称	刀具规格/mm	主轴转速/$(r \cdot min^{-1})$	进给量/$(mm \cdot min^{-1})$	切削深度/mm	备注
3	精加工（左边型腔外周边→双圆柱周边→双圆柱中平面内边→右边型腔外周边→梅花型腔外边界→梅花型腔内边界）	T3	键槽铣刀	$\phi 10$	650	50		精加工用刀
零件草图、编程原点、工件坐标系、对刀点					是否附程序清单			是
图略								
编制		审核		批准		年　月　日	共　页	第　页

3. 自动编程操作及步骤

（1）在 Mastercam 软件中以公制单位，在构图平面和视图平面均为俯视图（TOP）的环境下绘制零件图形。将该零件图绘制完成后，采用图层的复制方法在每个图层复制相同的图形，然后在每一步自动编程时，修改各图层图形为所需要的加工图。

注：后续步骤中所有刀具参数均按数控加工工艺卡片（见表 3-4）配置。

（2）粗加工左边型腔，加工图如图 3-56（a）所示。

挖槽参数设置：XY stock to leave（X、Y 方向留余量）值为 0.15 mm，Depth（切削深度）值为 -12 mm，Depth cuts（深度分层）值为 Max rough 6。

粗、精加工参数设置：采用 Constant Overlap Spiral（等距重叠螺旋线铣削）方式，并设置 Stepover（切削间距）的值为 75 mm，参数 Finish（精加工）关闭，其余参数全部采用默认值，刀具路径如图 3-56（b）所示。

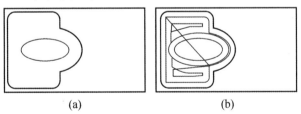

(a)　　　　　　　　　　(b)

图 3-56　粗加工左边型腔和加工刀具路径

(a) 加工图；(b) 刀具路径

（3）粗加工右边型腔，加工图如 3-57（a）所示。

挖槽参数设置：XY stock to leave（X、Y 方向留余量）值为 0.15 mm，Depth（切削深度）值为 -9 mm，Depth cuts（深度分层）值为 Max rough 5。

粗、精加工参数设置：采用 Constant Overlap Spiral（等距重叠螺旋线铣削）方式，并设置 Stepover（切削间距）的值为 75 mm，参数 Finish（精加工）关闭，其余参数全部采用默认值，刀具路径如图 3-57（b）所示。

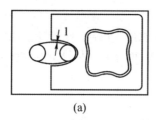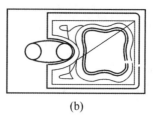

(a)　　　　　　　　　　　(b)

图 3 - 57　粗加工右边型腔和加工刀具路径
(a) 加工图；(b) 刀具路径

（4）双圆柱最高处和梅花顶部平面铣削。除刀具参数需按工艺卡片配置外，其余全部参数均采用默认值，加工刀具路径如图 3 - 58 所示。

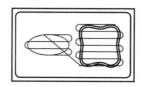

图 3 - 58　双圆柱最高处和梅花顶部平面铣削

（5）双圆凸台中部，采用二维轮廓铣削。此处在单独绘制引入/引出线时，需注意引入/引出线为圆心与切点的连线，这样可以完全干净地切除多余的材料，如图 3 - 59（a）所示。

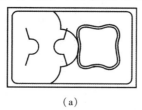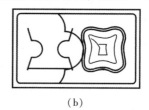

(a)　　　　　　　　　　　(b)

图 3 - 59　二维轮廓铣削双圆凸台中部和粗加工梅花型腔及刀具路径
(a) 加工图；(b) 刀具路径

铣削参数设置：补偿方式为 Control（控制器补偿），Lead in/out（引入/引出线）复选框关闭，XY stock to leave（X、Y 方向留余量）的值为 0.15 mm，刀具路径如图 3 - 59（b）所示。

（6）梅花型腔挖槽粗加工，方法与步骤（3）一致，但在深度方向由于步骤（4）已经加工了该型腔的顶部平面，此时型腔深度余量只有 5 mm，因此 Depth（切削深度）的值需设置为 - 12 mm，不需要再分层。但在周边仍然需要留有 0.15 mm 的精加工余量，因此需要设置 XY stock to leave（X、Y 方向留余量）的值为 0.15 mm，如图 3 - 59 所示。

（7）精加工。本零件的精加工全部采用二维轮廓铣削自动编程，因此，需尽量采用相同深度一次加工的原则。待加工的全部周边位置一共有 3 个深度：双圆凸台中部 7 mm、右边型腔 9 mm、左边型腔中部和梅花型腔内壁 12 mm。

① 精加工双圆凸台中部，加工图仍如图 3 - 59（a）所示，参数配置同步骤（6），Depth（切削深度）为 - 7 mm，但 X、Y 方向余量值为 0，刀具路径如图 3 - 60 所示。

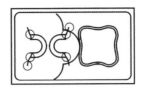

图 3 – 60 精加工双圆凸台中部刀具路径

② 精加工右边型腔，加工图如图 3 – 61（a）（在左边的两段引入/引出直线长度不能太长，否则将切伤双圆柱凸台）所示，参数配置同步骤（6），Depth（切削深度）值为 – 9 mm，X、Y 方向的余量值为 0，刀具路径如图 3 – 61（b）所示。

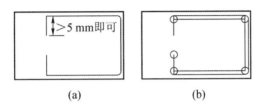

(a)   (b)

图 3 – 61 精加工右边型腔和加工刀具路径
（a）加工图；（b）刀具路径

③ 精加工左边型腔中部和梅花型腔内壁，加工图如图 3 – 62（a）所示，参数配置大致同步骤（6），Depth（切削深度）值为 – 12 mm，X、Y 方向的余量值为 0，打开 Lead in/out（引入/引出线）选项，并勾选 Enter/exit at midpoint in closed contours 复选框，即打开中点切入方式，刀具路径如图 3 – 62（b）所示。

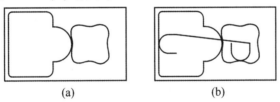

(a)   (b)

图 3 – 62 精加工左边型腔中部和梅花型腔内壁及加工刀具路径
（a）加工图；（b）刀具路径

（8）加工刀具路径管理。全部编程完成的加工刀具路径管理器如图 3 – 63 所示，之后需要进行实体校检，校验的效果如图 3 – 64 所示。

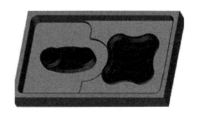

图 3 – 63 刀具路径管理器   图 3 – 64 实体校检效果图

（9）后置处理程序文件输出为数控加工程序。程序较长，方法同前例，此处略去。

4. 实践机床加工操作

（1）运行计算机端传输软件 Winpcin，使机床与计算机的 RS232 接口连接，调整机床端与计算机端的传输参数匹配，具体方法见 2.5 节。

（2）机床回参考点后采用虎钳装夹，由于工件未切削深度只有 8 mm，因此装夹部位不允许超过 10 mm，装夹的尺寸过多，将会产生装夹变形。

（3）采用刀具直接对刀法在主轴上装入粗加工刀具 T1，即 ϕ10 mm 键槽铣刀，将 G54 指令的编程坐标系原点设定在工件上表面左棱边中点处，在机床 Offest menu（补偿菜单）中的半径补偿值 $D1$ 处输入 4.99 mm。

（4）装入粗加工刀具 T2，即 ϕ12 mm 键槽铣刀，对其进行长度补偿，将其输入到机床 Offest menu（补偿菜单）中的长度形状补偿值 $H2$ 中，半径补偿值 $D2$ 输入 5.99 mm。

（5）装入精加工刀具 T3，即 ϕ10 mm 键槽铣刀，对其进行长度补偿，将其输入到机床 Offest menu（补偿菜单）中的长度形状补偿值 $H3$ 中，半径补偿值 $D3$ 输入 4.99 mm。

模拟自测题（三）

平面型腔自动编程与实践操作综合题：加工如图 3 - 65 所示的零件。

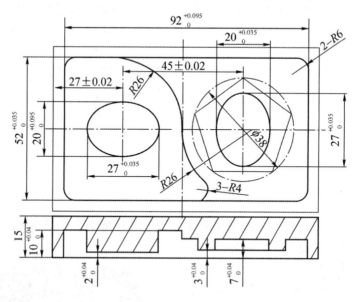

图 3 - 65　多形板

第4章

孔系零件加工的自动编程
实训及实例应用

学习目标

　　学习和了解孔系零件的概念及范畴，掌握一般孔系、复杂孔系零件的自动编程工艺分析及特殊性，掌握孔系零件在自动编程过程中图纸转换的特殊方法，并重点掌握孔系零件CAM 编程方法和步骤，合理分配孔系的加工参数。

内容提要

- 孔系零件的概念、范畴及图纸转换。
- 孔系零件自动编程加工工艺分析及编制。
- 孔系零件刀具配置表和切削参数分析。
- 盘类孔系零件加工实例。
- 孔系综合零件的自动编程与机床操作。

4.1　孔系零件的概念、范畴及图纸转换

4.1.1　孔系零件的概念和范畴

在一个工件上具有两个以上，并且直径尺寸在两种以上的 XOY 平面或其他平面内的孔加工，称为孔系零件加工。本书将着重以 XOY 平面内的孔系零件为例，进行自动编程实训的讲解。

孔系零件在加工方式上分为两大类：一类为按照图纸要求加工孔；另一类为图纸没有要求孔的尺寸而自行定义加工，这种类型的孔主要用在零件大余量、大深度的材料预去除，以及型腔铣削、三维 CAM 加工中的预钻孔。

4.1.2　孔系零件的图纸转换

在孔系零件的自动编程加工中，其图纸转换所涉及的问题是最多的，同时也是最复杂的，图纸转换方法和结果的好坏直接决定了自动编程后程序的正确性和优化性。

孔系零件加工主要分两类：一是图纸上直接绘制出的孔系加工；二是窄槽、排孔类的需自行定义孔的大小及加工位置的孔系加工。

1. 图纸上直接绘制出的孔系加工的图纸转换

众所周知，对于直径在 $\phi14$ mm 以上的精加工孔，一般均无法一次（一刀）加工成型。如 $\phi28H7$ 孔，是绝对无法用 $\phi28$ mm 的钻头一次加工合格的。因此，在孔系零件中孔多、孔类型繁杂的情况下，采用手工编程的工作量是相当繁重的，而采用 CAM 自动编程软件则可以节约大量程序书写过程和时间，提高准确度。但无论是手工编程，还是自动编程，均存在一个至关重要的问题，就是无论人的思维多么清晰，计算机多么精确，一旦在多个孔中重复进行多次加工，如果在指定孔位时发生错误或疏忽，其后果就是造成产品的报废。这在手工编程时是很难避免的，而在 CAM 自动编程中，只要方法得当就可以做到一劳永逸、万无一失。这就涉及孔系零件加工自动编程的图纸转换。

如图 4-1 所示的孔系零件（材料：45#钢、板厚 $\delta=10$ mm），一般的做法是将所有孔全部在 Mastercam 软件中绘制出，在进行自动编程时一个一个地选取需要加工的孔。如在第一步进行中心钻加工时选择全部孔，而在其后如对 $\phi20H7$ 的孔进行铰孔，则只选择这三个 $\phi20H7$ 的孔，但这样就会存在选错、漏选或多选的情况。因此，正确的做法是：对全部孔进行类的分组（Group），在进行加工时，只要选择所需加工孔的类组合即可。

操作步骤是：

（1）将全部孔在 Mastercam 软件中按图纸尺寸正确地做出并校核。

（2）单击辅助菜单中的 Groups（分组）选择项，系统弹出如图 4-2 所示对话框，单击 New（新建）按钮，在提示区内输入如"4-cc10H7"，然后选择所有 $\phi10H7$ 孔。再次单击

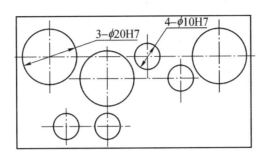

图 4-1　孔系零件

New（新建）按钮，重复该步骤，建立组"3-CC20H7"。其中名字可自己定义，能方便自己识别即可。

　　注：定义组是最关键的一步，如果在定义组中有误，则其后的所有加工都会发生错误。因此，一定要仔细核对。

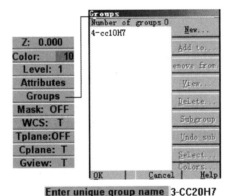

图 4-2　组定义对话框

　　（3）对于每一组群的图素颜色，在设定组中可以通过修改 Color（颜色）项，定义不同的加工孔位颜色，以示区分。该项只起视觉区分作用，而在加工中选择组时，是以组名来提取孔位的。

　　（4）组群的使用方法。对刀具路径 Toolpaths/Dill（刀具路径/钻孔），在位于选择图素的主菜单区单击 Groups（分组）选项，选择所需加工的孔组群即可，如图 4-3 所示。注：如需连续选择组群，则使用 Shift 键，并单击所需组即可；如果要分别选取多个加工组群，则使用 Ctrl 键，并单击所需组即可。

　　2. 窄槽、排孔类孔系零件加工的图纸转换

　　这一类孔系主要是为后续工步如铣削轮廓、铣削型腔时需去除大余量、预钻孔加工而自行定义的一系列孔加工位置，如图 4-4 所示。在这一类零件的加工中，由于该零件槽窄、深度大，单纯靠铣削加工效率低，难以完成和保证零件尺寸、形状精度，因此，必须进行孔加工去除余量，而孔的尺寸并无要求，这样就必须正确分析和加工粗钻孔直径及孔位，如图 4-5 所示。

图 4-3　定义完成的组

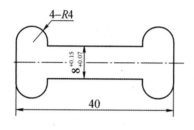

图 4-4　腰形槽

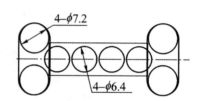

图 4-5　腰形槽排孔的大小及位置

由于槽宽为 8 mm，在粗加工后确定给精加工单边留 0.3 mm 的铣削余量，故最大粗钻孔孔径不允许超过 ϕ7.4 mm。同时考虑钻削加工层余量的波峰、波谷非常大，因此，应尽量减小峰值，如图 4-6 所示。还要考虑孔与孔之间不允许呈相割状态，并尽量避免相切状态，保证相离状态，但相离量不能太大。如果粗钻孔产生相割状态或相切状态，则会在钻头加工过程中因钻头余量不均匀而造成歪斜等；而在产生相离状态时，由于粗钻孔的孔直

残余波峰波谷

图 4-6　合理分配排孔位置

径均比钻头直径大 0.1~0.2 mm，这样既不会歪斜，也不会产生过大的余量。经过这几方面的综合分析后，还要保证在总长范围内均匀分布孔，以及在无法相接的位置残余量不能过大，最终确定该零件在四个圆弧处采用 ϕ7.2 mm 的钻头粗加工，中部采用 ϕ6.4 mm 的钻头粗加工，同时钻头分组不应太多。

4.2　孔系零件自动编程加工工艺分析及编制

4.2.1　孔系零件自动编程加工工艺分析

1. 孔系零件的加工方法

孔系零件的加工方法比较多，一般采用钻、铰、镗等。大直径孔还可采用圆弧插补方式进行铣削加工。孔的加工方式及所能达到的精度见表 4-1。

表 4 – 1　H7 ~ H13 孔加工方案（孔长度≤5 倍孔直径）

孔的精度	孔的毛坯性质	
	在实体材料上加工孔	预先铸出或热冲出的孔
H13、H12	一次钻孔	用扩孔钻钻孔或镗刀镗孔
H11	孔径≤10 mm：一次钻孔； 孔径 10 ~ 30 mm：钻孔及扩孔； 孔径 30 ~ 80 mm：钻孔、扩孔或钻孔、扩孔、镗孔	孔径≤80 mm：粗扩、精扩，或用镗刀粗镗、精镗，或根据余量一次镗孔或扩孔
H10、H9	孔径≤10 mm：钻孔及铰孔； 孔径 10 ~ 30 mm：钻孔、扩孔及铰孔； 孔径 30 ~ 80 mm：钻孔、扩孔、铰孔或钻孔、扩孔、镗孔（或铣孔）	孔径≤80 mm：用镗刀粗镗（一次或两次，根据余量而定）、铰孔（或精镗孔）
H8、H7	孔径≤10 mm：钻孔、扩孔及铰孔； 孔径 10 ~ 30 mm：钻孔、扩孔及一次或两次铰孔； 孔径 30 ~ 80 mm：钻孔、扩孔（或用镗刀分几次粗镗）、一次或两次铰孔（或精镗孔）	孔径≤80 mm：用镗刀粗镗（一次或两次，根据余量而定）及半精镗、精镗（或精铰）

孔的具体加工方案可按下述方法制定：

（1）所有孔系都先完成全部孔的粗加工，再进行精加工。

（2）对于直径大于 $\phi30$ mm 的已铸出或锻出毛坯孔的孔加工，在普通机床上应先完成毛坯粗加工，留给加工中心的余量为 4 ~ 6 mm（直径方向），然后在加工中心上按"粗镗→半精镗→孔端倒角→精镗"4 个工步完成加工；有空刀槽时，可用锯片铣刀在半精镗之后、精镗之前用圆弧插补方式完成，也可用镗刀进行单刀镗削，但单刀镗削效率较低。孔径≥30 mm 的孔也可采用立铣刀"粗铣→精铣"的方案完成加工。

（3）直径小于 $\phi30$ mm 的孔可以不铸出毛坯孔，全部加工都在加工中心上完成，可分为"锪平端面→打中心孔→钻→扩→孔端倒角→铰"等工步。有同轴度要求的小孔，须采用"锪平端面→打中心孔→钻→半精镗→孔端倒角→精镗（或铰）"的工步来完成。为提高孔的位置精度，在钻孔工步前需安排锪平端面和打中心孔工步。孔端倒角安排在半精加工之后、精加工之前，以防孔内产生毛刺。

（4）在孔系加工中，先加工大孔，再加工小孔，特别是在大、小孔相距很近的情况下，更要采取这一措施。

（5）对于跨距较大的箱体的同轴孔加工，尽量采取调头加工的方法，以缩短刀具、辅具的长径比，增加刀具刚性，提高加工质量。

（6）对于孔系零件的加工，其最重要的尺寸精度只有两种：一种是孔的直径公差，主要依靠刀具、机床刚性、工艺安排的合理性来保证；另一种是孔距公差。在孔距公差中，如果公差为" ± "公差，则在作图时按名义尺寸绘制即可，但如果是双" + "或双" – "公差，则必须在作图（图纸转换）时按中差合理作出。

（7）对螺纹加工，要根据孔径大小采取不同的处理方式。一般情况下，直径为 M6 ~ M20 的螺纹，通常采用攻螺纹方法加工；M6 以下及 M20 以上的螺纹只在加工中心上完成底孔加工，攻丝可通过其他手段完成。加工中心的自动加工方式在攻小螺纹时，不能随机控制加工状态，小丝锥容易折断，从而产生废品；由于受刀具、辅具等因素的影响，在加工中心上攻 M20 以上的大螺纹也有一定困难。但这也不是绝对的，视具体情况而定。在某些加工中心上也可用镗刀片完成螺纹切削。有时因冷却润滑液等原因，攻螺纹的全部步骤都不在加工中心上进行。

2. 孔系加工深度参数分析

孔系加工深度的计算和确定与其他加工方式均不一样。孔系加工深度的确定主要有以下几种情况。

（1）中心钻。一般只要求在工件表面上加工出中心孔的锥面即可。因此，中心钻孔系的加工深度一般确定为 5 ~ 6 mm。

（2）钻孔。如图 4 - 7 和图 4 - 8 所示，按通孔和盲孔分别计算孔加工深度。

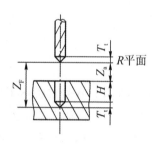

图 4 - 7　盲孔孔深计算

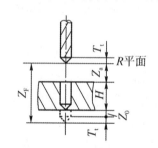

图 4 - 8　通孔孔深计算

需要注意的是，在编制加工工步和程序时，一定要注意加工深度不宜过大，应根据实际情况而定，计算公式为：

钻孔深度 = 板厚（所需钻孔深度）+ 实际钻尖高度 + 参考高度 R + 单边超越量

即：

$$Z_F = H + T_t + Z_a + Z_0。$$

对于 ϕ24 mm 以下的钻头，实际钻尖高度就是编程中的钻尖高度，如图 4 - 8 所示，即：

$$T_t = (D/2) \times \tan(\alpha/2) \approx (D/2) \times 0.577$$

式中：D——钻头直径；

　　　α——钻头顶角（$\alpha = 118° \approx 120°$）。

在实际加工中，为了保证足够的切出量，采用经验值 $T_t = D/2$。

对孔径大于 ϕ24 mm 的孔进行扩孔时，由于钻尖值过大，因此在实际加工中均将钻头磨成如图 4 - 9 所示的形式。此时，应根据实际刀具情况灵活确定切削深度。

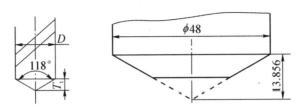

图 4 – 9　大钻头钻尖高度示意

（3）铰孔。由于铰刀是由导向部分和切削部分组成的，如图 4 – 10 所示，而导向部分为 5~6 mm，因此，通孔铰孔的深度计算公式为：

$$Z_F = Z_a + 板厚 + (5 \sim 6) + 2$$

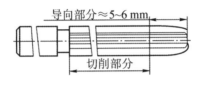

图 4 – 10　铰刀的结构

（4）镗孔。对于通孔，镗孔深度 = 板厚 + 1 mm，对于阶台孔，镗孔深度则为实际深度，如图 4 – 11 所示。

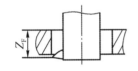

图 4 – 11　镗孔切削深度

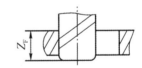

图 4 – 12　铣孔切削深度

（5）铣孔。由于铣刀刀尖均有一定的倒角，因此对于通孔，铣孔深度 = 板厚 + 铣刀倒角 +（1~2）mm。对于盲孔，加工深度即为实际深度，如图 4 – 12 所示。

以上所介绍的孔加工深度为常见的实际加工中的定义方式，部分特殊情况应视具体情况进行分析。

3. 孔系零件加工工步的划分

在对孔系零件的加工工艺进行编制时，由于加工工步较为烦琐，因此，其工艺工步应详细划分。在划分过程中，必须以表格方式做出孔系零件的数控加工工艺。如对图 4 – 1 所示的孔系零件的加工工步划分见表 4 – 2。

表 4 – 2　孔系零件加工工步划分

工步	刀具号	刀具名称	刀具规格/mm	工步内容	加工代码	转速/($r \cdot min^{-1}$)	进给量/($mm \cdot min^{-1}$)	切削深度/mm	长补号	半补号
1	T1	中心钻	$\phi 3$	钻全部孔	G81	1200	50	5	H1	
2	T2	钻头	$\phi 8$	钻 4 – ϕ10H7	G83	950	50	14	H2	
3	T3	钻头	$\phi 9.8$	扩 4 – ϕ10H7	G73	850	50	15	H3	
4	T4	铰刀	$\phi 10$	铰 4 – ϕ10H7	G86	110	10	15	H4	
5	T5	钻头	$\phi 14$	钻 3 – ϕ20H7	G83	500	40	17	H5	
6	T6	钻头	$\phi 18$	扩 3 – ϕ20H7	G73	480	40	19	H6	
7	T7	钻头	$\phi 19.8$	扩 3 – ϕ20H7	G73	400	35	20	H7	
8	T8	铰刀	$\phi 20$	铰 3 – ϕ20H7	G86	110	10	15	H8	

4. 读图、识图及编程坐标系的确定

与铣削加工一致，孔系零件的加工同样需对图纸进行分析和确定坐标系。在采用自动编程孔系零件的加工读图中应掌握以下几个原则：

（1）分析图中尺寸的标注方法，以保证四基准重合原则为依据进行基准转换、基准统一。

（2）对所有螺纹孔计算和列出底孔加工直径，以便于编程。

（3）在以某大孔为基准时，在允许的情况下尽量将这个基准转换到装夹定位的基准边。

（4）在零件易发生变形的情况下（如板薄、去处材料过多等），通过对图纸进行分析，应立即做出粗、精加工，并将工步、工艺分开，以消除加工后内应力变化、集中所带来的影响。

编程坐标系的确定原则：

（1）必须符合四基准重合原则。

（2）在 X、Y 坐标轴的确定原则上，遵从孔基准转换到精加工边或定位边上的方法。这样在大批量加工时，定位准确、方便，基准孔的定位销仍需使用，但在设置 G54 ~ G59 指令时以边为基准，将尺寸与公差转换即可。

（3）在 Z 方向上坐标轴的确定原则是以待加工孔中的最高处孔位为 Z 向零点，同时应尽量以初始位置相同高度的孔划分为一组进行编程。

5. 孔系零件加工路线分析

孔系零件加工时，一般首先将刀具在 XOY 平面内快速定位运动到孔中心线的位置上，然后刀具沿 Z 向（轴向）运动进行加工。因此，孔加工进给路线的确定包括以下几方面。

（1）确定 XOY 平面内的进给路线。孔加工时，刀具在 XOY 平面内的运动属于点位运动，确定进给路线时，主要考虑以下要点：

① 定位要迅速。也就是在刀具不与工件、夹具和机床碰撞的前提下，空行程时间应尽可能短。例如，加工如图 4 – 13（a）所示的零件时，按如图 4 – 13（b）所示的进给路线比按图 4 – 13（c）所示的进给路线加工，可节省近一半的定位时间。这是因为，在点位运动情况下，刀具由一点运动到另一点时，通常是沿 X、Y 坐标轴方向同时快速移动的，当 X、Y 轴各自移距不同时，短移距方向的运动先停，待长移距方向的运动停止后，刀具才达到目标位置。图 4 – 13（b）所示方案由于使沿两轴方向的移距接近，所以定位过程迅速。

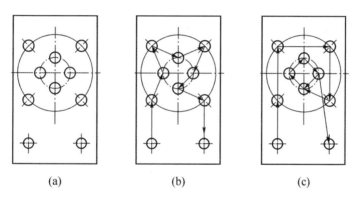

(a)　　　　　　　(b)　　　　　　　(c)

图 4 – 13　最短进给路线设计示例

② 定位要准确。安排进给路线时，要避免机械进给系统反向间隙对孔位精度产生影响。例如，镗削图 4 – 14（a）所示零件上的 4 个孔时，如果按图 4 – 14（b）所示进给路线加工，由于 4 孔与 1 孔、2 孔、3 孔定位方向相反，故 Y 向反向间隙会使定位误差增加，从而影响 4 孔与其他孔的位置精度。按如图 4 – 14（c）所示的进给路线加工，加工完 3 孔后往上多移动一段距离至 P 点，然后折回来在 4 孔处进行定位加工，这样加工方向一致，就可避免反向间隙的引入，提高了 4 孔的定位精度。

定位迅速和定位准确有时难以同时满足。在上述实例中，图 4 – 14（b）所示是按最短路线进给，但不是从同一方向趋近目标位置，影响了刀具的定位精度；图 4 – 14（c）所示是从同一方向趋近目标位置，但不是最短路线，增加了刀具的空行程。这时应抓住主要矛盾，若按最短路线进给能保证定位精度，则取最短路线；反之，应取能保证准确定位的路线。

针对最短进给路线设计和准确定位进给路线设计的孔系自动编程，主要是 Options（参

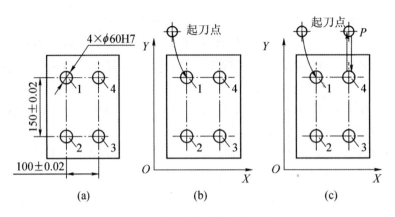

图 4 – 14 准确定位进给路线设计示例

数）的选择和设定，因在《CAD/CAM 软件应用》（杨海东主编，中央广播电视大学出版社，2011 年）一书中有详细介绍，这里不再赘述。

（2）确定 Z 向平面内的进给路线。Z 向平面内的进给路线主要由两方面构成：一方面是 Z 向加工深度，由孔加工深度参数和参考高度 R 构成；另一方面是孔底动作，这主要是根据该孔是钻、铰或粗/精镗等要求而确定。在本节中仅对自动编程中的钻孔加工方法做一简单介绍，孔加工循环指令的具体使用方法不做重复性讲述。如图 4 – 15 所示为每种加工方法所对应的加工指令。

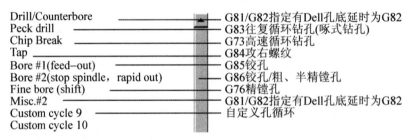

图 4 – 15 孔系加工自动编程指令

4.2.2 孔系零件刀具配置表和切削参数分析

在孔系零件加工中，刀具的选用和配置是至关重要的，合理分配加工余量也就决定了所用的刀具及直径。因此，刀具的选用与加工余量是紧密联系的。由于孔的一般加工顺序为"中心钻→钻→扩（一次或多次）→铰（铣、粗镗）→半精铣（半精镗）→精铣（精镗）"。因此，前、后工步余量必须合理分配，才能保证在孔加工中的尺寸精度和位置精度。表 4 –3详细列出了 IT7、IT8 级孔的加工方式及其工序间的加工尺寸分配。

表 4-3　在实体材料上的孔加工方式及加工尺寸分配　　　　　　　mm

加工孔的直径	加工尺寸分配							
	钻		粗加工		半精加工		精加工	
	第一次	第二次	粗镗	扩孔	粗铰	半精镗	精铰	精镗
3	2.9	—	—	—	—	—	3	3
4	3.9	—	—	—	—	—	4	4
5	4.8	—	—	—	—	—	5	5
6	5.0	—	—	5.85	—	—	6	6
8	7.0	—	—	7.85	—	—	8	8
10	9.0	—	—	9.85	—	—	10	10
12	11.0	—	—	11.85	11.95	—	12	12
13	12.0	—	—	12.85	12.95	—	13	13
14	13.0	—	—	13.85	13.95	—	14	14
15	14.0	—	—	14.85	14.95	—	15	15
16	15.0	—	—	15.85	15.95	—	16	16
18	17.0	—	—	17.85	17.95	—	18	18
20	18.0	—	19.8	19.8	19.95	19.90	20	20
22	20.0	—	21.8	21.8	21.95	21.90	22	22
24	22.0	—	23.8	23.8	23.95	23.90	24	24
25	23.0	—	24.8	24.8	24.95	24.90	25	25
26	24.0	—	25.8	25.8	25.95	25.90	26	26
28	26.0	—	27.8	27.8	27.95	27.90	28	28
30	15.0	28.0	29.8	29.8	29.95（可调式）	29.90	30（可调式）	30
32	15.0	30.0	31.7	31.75	31.93（可调式）	31.90	32（可调式）	32
35	20.0	33.0	34.7	34.75	34.93（可调式）	34.90	35（可调式）	35
38	20.0	36.0	37.7	37.75	37.93（可调式）	37.90	38（可调式）	38
40	25.0	38.0	39.7	39.75	39.93（可调式）	39.90	40（可调式）	40
42	25.0	40.0	41.7	41.75	41.93（可调式）	41.90	42（可调式）	42
45	30.0	43.0	44.7	44.75	44.93（可调式）	44.90	45（可调式）	45
48	36.0	46.0	47.7	47.75	47.93（可调式）	47.90	48（可调式）	48
50	36.0	48.0	49.7	49.75	49.93（可调式）	49.90	50（可调式）	50

在加工工步和余量确定之后，刀具也就随之确定了。因此，可按表 4-2 配置刀具。在刀具配置完成后，选用合适的切削用量则成为保证孔精度、刀具耐用度、加工效率等的决定

性因素。根据实际加工经验并结合机械加工工艺手册，这里提供了常用孔加工类刀具的切削参数，如表4-4、表4-5、表4-6所示，根据不同情况（如机床刚性等）可做适当调整。

表4-4 高速钢钻头加工钢件的切削参数

钻头直径/mm	材料硬度					
	$\sigma_b = 520 \sim 700$ MPa（35、45钢）		$\sigma_b = 700 \sim 900$ MPa（15Cr、20Cr钢）		$\sigma_b = 1\,000 \sim 1\,100$ MPa（合金钢）	
	切削速度 v_e/ (m·min^{-1})	进给量 f/ (mm·r^{-1})	切削速度 v_e/ (m·min^{-1})	进给量 f/ (mm·r^{-1})	切削速度 v_e/ (m·min^{-1})	进给量 f/ (mm·r^{-1})
1~6	5~25	0.05~0.1	12~30	0.05~0.1	8~15	0.03~0.08
6~12	8~25	0.1~0.2	12~30	0.1~0.2	8~15	0.08~0.15
12~22	8~25	0.2~0.3	12~30	0.2~0.3	8~15	0.15~0.25
22~50	8~25	0.3~0.45	12~30	0.3~1.45	8~15	0.25~0.35

表4-5 高速钢铰刀铰孔的切削参数

钻头直径/mm	工件材料					
	铸铁		钢及合金钢		铝铜及其合金	
	切削速度 v_e/ (m·min^{-1})	进给量 f/ (mm·r^{-1})	切削速度 v_e/ (m·min^{-1})	进给量 f/ (mm·r^{-1})	切削速度 v_e/ (m·min-1)	进给量 f/ (mm·r^{-1})
6~10	2~6	0.3~0.5	1.2~5	0.3~0.4	8~12	0.3~0.5
10~15	2~6	0.5~1	1.2~5	0.4~0.5	8~12	0.5~1
15~25	2~6	0.8~1.5	1.2~5	0.5~0.6	8~12	0.8~1.5
25~40	2~6	0.8~1.8	1.2~5	0.4~0.6	8~12	0.8~1.5
40~60	2~6	1.2~1.8	1.2~5	0.5~0.6	8~12	1.5~2

表4-6 镗孔切削参数

工序	刀具材料	工件材料					
		铸铁		钢及合金钢		铝铜及其合金	
		切削速度 v_e/ (m·min^{-1})	进给量 f/ (mm·r^{-1})	切削速度 v_e/ (m·min^{-1})	进给量 f/ (mm·r^{-1})	切削速度 v_e/ (m·min^{-1})	进给量 f/ (mm·r^{-1})
粗镗	高速钢 硬质合金	20~25 35~50	0.4~1.5	15~30 50~70	0.35~0.7	100~150 100~250	0.5~1.5
半精镗	高速钢 硬质合金	20~35 50~70	0.15~0.45	15~50 95~135	0.15~0.45	100~200	0.2~0.5
精镗	高速钢 硬质合金	70~90	<0.08 0.12~0.15	100~135	0.12~0.15	150~400	0.06~0.1

注：当采用高精度镗头镗孔时，由于余量较小，直径余量不大于0.2 mm，故切削速度可提高一些，加工铸铁时为100~150 m/min，钢件为150~200 m/min，铝合金为200~400 m/min。进给量范围为0.03~0.1 mm/r。

4.3　盘类孔系零件加工实例

盘类孔系零件是机械加工中最常见的一种，其特点是在盘的圆周上均布孔，而这类孔大多为螺栓孔、油孔、定位销孔、传动轴配孔等。这类零件主要需要保证的就是孔的尺寸精度和孔位角度位置精度。

以加工如图 4－16 所示的零件为例，其自动编程过程如下所述。

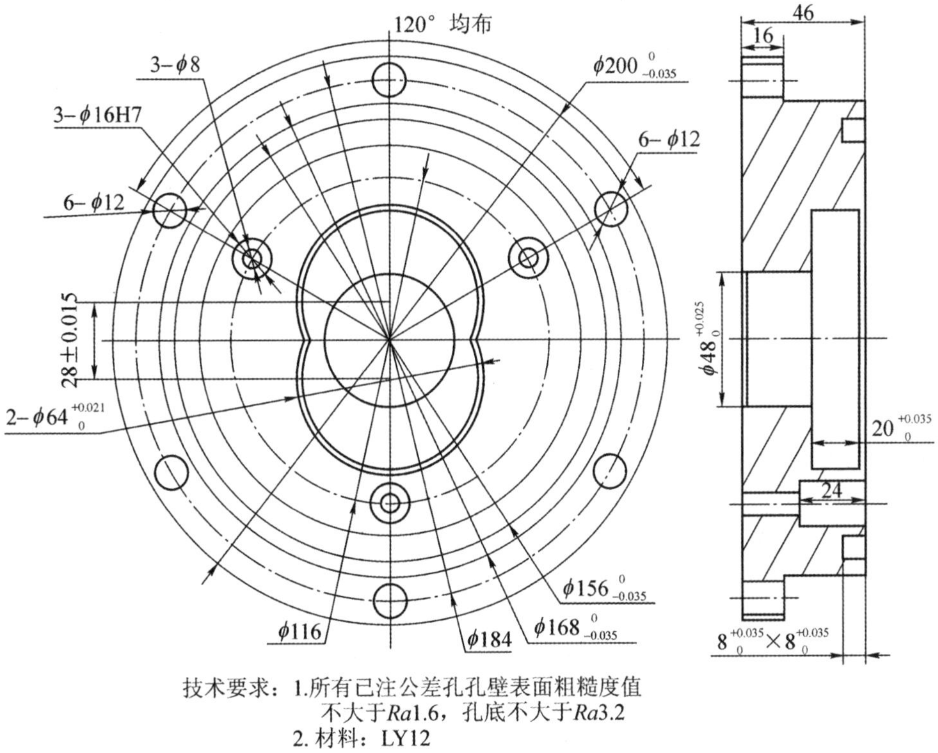
120° 均布
3－ϕ8
3－ϕ16H7
6－ϕ12
ϕ200 0 −0.035
6－ϕ12
28±0.015
2－ϕ64 +0.021 0
ϕ116
ϕ184
ϕ168 0 −0.035
ϕ156 0 −0.035
46
16
ϕ48 +0.025 0
20 +0.035 0
24
8 +0.035 0 ×8 +0.035 0
技术要求：1.所有已注公差孔孔壁表面粗糙度值
不大于Ra1.6，孔底不大于Ra3.2
2. 材料：LY12

图 4－16　离合器盖板

1. 图纸分析及图纸转换

（1）图纸分析。该零件前工序为数控车削加工，本工序所需加工的部位为：3－ϕ8 mm、6－ϕ12 mm、3－ϕ16H7、2－ϕ64 mm 的孔。在加工中，由于 6－ϕ12 mm 孔的加工初始位置较低，因此应单独编程加工，否则加工效率极低。

（2）图纸转换。

① 将全部孔在 Mastercam 软件中按图纸尺寸正确做出并校核。

② 进行分组设置，按孔直径的不同进行分组，共分 4 组。

2. 自动编程加工工艺分析

（1）编程坐标系的确定。因为零件为回转盘类零件，所以确定编程坐标系原点在工件中心处 2 - ϕ64 mm 端面处。

（2）粗、精加工安排，余量分配。6 - ϕ12 mm 孔采用钻头钻出，3 - ϕ16H7 孔采用铰孔加工、3 - ϕ8 mm 孔采用钻孔加工、2 - ϕ64 mm 孔采用镗孔加工。

（3）刀具选用、切削参数及数控加工工艺卡片见表 4 - 7。

表 4 - 7　数控加工工艺卡片

工步	刀具号	刀具名称	刀具规格/mm	工步内容	加工代码	转速/(r·min⁻¹)	进给量/(mm·min⁻¹)	切削深度/mm	长补号	半补号
1	T1	中心钻	ϕ3	钻除 6 - ϕ12 全部孔	G81	1 300	60	5	H1	
2	T2	加长中心钻	ϕ3	钻 6 - ϕ12 全部孔	G81	1 300	60	5	H2	
3	T3	钻头	ϕ8	钻 3 - ϕ8	G83	950	50	50	H3	
4	T4	钻头	ϕ12	钻 6 - ϕ12	G73	700	50	20	H4	
5	T5	钻头	ϕ14	钻 3 - ϕ16H7	G83	600	50	20	H5	
6	T6	平底钻头	ϕ15.8	锪 3 - ϕ16H7	G81	500	40	24	H6	
7	T7	无导向铰刀	ϕ16	铰 3 - ϕ16H7	G86	120	10	24	H7	
8	T8	铣刀	ϕ28	铣 2 - ϕ64 至 ϕ63.5		500	40	20	H8	D08
9	T9	镗刀		粗镗至 2 - ϕ63.98	G86	230	20	20	H9	
10	T10	镗刀		精镗 2 - ϕ64 $^{+0.021}_{0}$	G86/G76	260	18	20	H10	

3. 自动编程操作及步骤

（1）T1。在 Toolpaths/Drill 菜单中选择 Entities/Groups 命令，指定群组 3 - CC16H7、2 - CC64 孔，按表 4 - 7 及配合图 4 - 16 设置刀具参数和切削参数，对应表 4 - 7 中的 G 代码设置镗削加工方式为 G81，如图 4 - 17 所示。

（2）T2 ~ T7。重复步骤（1），按表 4 - 7 及配合图 4 - 16 设置刀具参数和切削参数，并对应表 4 - 7 中的 G 代码设置钻削加工方式。

（3）T8。选择 Toolpaths/Operations/Contour 命令，即采用二维轮廓铣削方法将 2 - ϕ64 mm 组成的"8"字形铣削加工出来，并按表 4 - 7 的 ϕ63.5 mm 留加工余量。

加工某些零件中大直径的孔时，可采用 Toolpaths/Operations/circle path/circle mill 命令，即铣削圆方式加工，具体方法参照第 2 章 2.8 节。

（4）T9。选择菜单 Toolpaths/Drill 命令，并选择 Entities/Groups 项，指定群组 2 - CC64

孔，按表 4 - 7 及配合图 4 - 16 设置刀具参数和切削参数，对应表 4 - 7 中的 G 代码设置镗削加工方式为 G86，如图 4 - 18 所示。

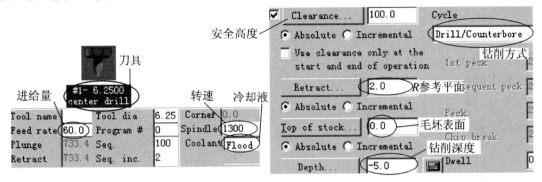

图 4 - 17   中心孔加工刀具和切削参数

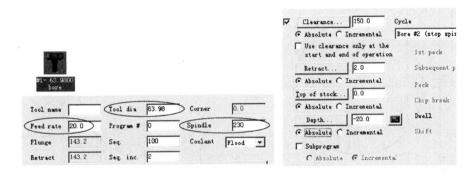

图 4 - 18   镗孔加工刀具和切削参数

（5）T10。重复步骤（4），按表 4 - 7 及配合图 4 - 16 设置刀具参数和切削参数，并对应表 4 - 7 中的 G 代码设置镗削加工方式。

（6）完成全部加工的刀具路径（图略）。

（7）选择 Post/change post，并选择 "软件目录 \ Mill \ PostsMPFAN. PST" 后处理程序或自行修改好的后处理程序文件进行输出数控加工程序（略）。

4. 机床加工操作过程及步骤

（1）进行加工前的准备。将该零件用专用夹具固定于工作台上，打表找正外圆 $\phi 200$ mm 中心，将机械坐标系值输入至机床 Offest menu（补偿菜单）的 G54 坐标系中。

（2）按刀具列表依次在机床上对出每一把加工刀具的长度补偿值，并将值一一对应输入至机床 Offest menu（补偿菜单）中的形状补偿 "长度" 中，在 T8 刀具的半径补偿中输入实际使用刀具的半径值。

（3）在机床上将 Offest menu（补偿菜单）中的偏移坐标系 Z 值修改为 100 mm，进行空走刀试切，在没有问题后再将该值清零，进行首件试切。

（4）按正常工序加工零件。

4.4 孔系综合零件的自动编程与机床操作

在一般的孔系综合零件加工中，最常见的孔加工类型为螺纹底孔、普通直接钻孔、铰孔、粗/精镗孔、粗/半精加工铣孔以及大余量的腔体或槽体类型。而无论何种加工，在编程中最需要注意的就是，所有加工刀具的安排顺序及加工余量的合理、有序安排。如对图 4 – 19 所示（为简单讲述起见，孔距尺寸略）综合零件的自动编程实训的加工方法和过程如下所述。

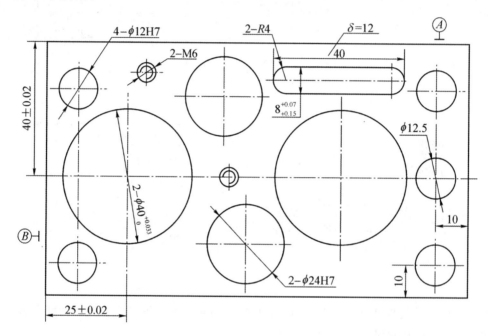

图 4 – 19　孔系侧板

1. 图纸分析及图纸转换

（1）图纸分析。该零件为数控铣削、加工中心上典型的钻模板零件，在本工序中需要加工的部位包括 2 – M6、2 – R4 mm 圆弧槽、4 – ϕ12H7、ϕ12.5 mm、2 – ϕ24H7、2 – ϕ40$^{+0.033}_{0}$ mm。根据图纸得知，该零件板厚度 δ = 12 mm，而钻模板材料为 45# 钢并调质到 HRC28 ~ 32。因此，被加工零件的硬度较高，而 2 – R4 mm 圆弧槽在采用直径为 ϕ8 mm 的铣刀时，深径比大、切削阻力大，容易产生崩刀和断刀等现象，所以在该槽加工时必须考虑大余量的去除方法。

（2）图纸转换。

① 除槽应进行图纸转换外，其余孔只需要按图纸尺寸和位置做出。由于槽总长为 40 mm，因此确定采用 ϕ7.8 mm 钻头，在槽的全长位置上均布 5 个孔，每孔间距为 8 mm，留有 0.2 mm 余量，如图 4 – 20 所示。

② 对该零件进行孔径分组，具体方法参照 4.1.2 节，分组的结果如图 4 – 21 所示。

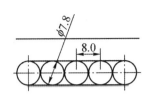

图 4 - 20　排孔孔位及尺寸安排

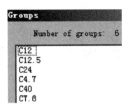

图 4 - 21　孔系组的划分

2. 自动编程加工工艺分析

（1）编程坐标系的确定。根据图纸要求及标注原则的基准④和基准⑧，确定该零件编程原点位于工件左上角处。

（2）粗、精加工安排，余量分配。2 - M6 螺纹孔只加工底孔，根据下面的公式计算，可以得出采用直径 ϕ4.7 mm 作为螺纹底孔直径。

$$d = D - (2 \times 0.649\,5 \times P)$$

式中：d——小径；

　　　D——大径；

　　　P——螺距。

4 - ϕ12H7 孔及 2 - ϕ24H7 孔采用铰孔加工，ϕ12.5 mm 孔采用钻孔加工，2 - ϕ40$_{0}^{+0.033}$ mm 孔采用粗、精镗加工（如果材料未调质或材质较软，也可通过粗铣、精镗加工）。

（3）刀具选用、切削参数及数控加工工艺卡片见表 4 - 8。

表 4 - 8　数控加工工艺卡片

工步	刀具号	刀具名称	刀具规格/mm	工步内容	加工代码	转速/($r \cdot min^{-1}$)	进给量/($mm \cdot min^{-1}$)	切削深度/mm	长补号	半补号
1	T1	中心钻	ϕ3	全部孔（包括槽孔）	G81	1 300	60	5	H1	
2	T2	钻头	ϕ4.7	2 - M6 螺纹底孔	G83	1 300	50	16	H2	
3	T3	钻头	ϕ7.8	钻槽孔	G83	900	60	16	H3	
4	T4	钻头	ϕ10	4 - ϕ12H7 mm、ϕ12.5 mm、2 - ϕ24 mm、2 - ϕ40 mm	G83	850	60	18	H4	
5	T5	钻头	ϕ11.8	4 - ϕ12H7 mm	G81	850	60	18	H5	
6	T6	铰刀	ϕ12	4 - ϕ12H7	G86	100	12	17	H6	
7	T7	钻头	ϕ12.5	ϕ12.5 mm	G81	850	60	20	H7	

续表

工步	刀具号	刀具名称	刀具规格/mm	工步内容	加工代码	转速/(r·min⁻¹)	进给量/(mm·min⁻¹)	切削深度/mm	长补号	半补号
8	T8	钻头	ϕ18	2 – ϕ24H7 mm、2 – ϕ40 mm	G83	450	40	22	H8	
9	T9	钻头	ϕ23	2 – ϕ24H7 mm、2 – ϕ40 mm	G83	400	40	24	H9	
10	T10	钻头	ϕ23.8	2 – ϕ24H7 mm	G83	400	40	50	H10	
11	T11	铰刀	ϕ24	2 – ϕ24H7 mm	G86	100	12	17	H11	
12	T12	钻头	ϕ30	2 – ϕ40 mm	G83	300	35	30	H12	
13	T13	粗镗刀	ϕ40	直径3 mm 进刀	G86	230	20	13	H13	
14	T14	精镗刀	ϕ40	精镗两次，余量分别为 0.08 mm、0.03 mm	G76	260	15	13	H14	
15	T15	铣刀	ϕ8	槽（分两层切削）		700	35	7、13	H15	D15

3. 自动编程操作及步骤

（1）T1。选择 Toolpaths/Drill 命令，再选择 Entities/Groups 项，以指定全部群组，按表4 – 8 设置如图4 – 17 所示的刀具参数和切削参数，并对应表4 – 8 中的 G 代码设置钻削加工方式为 G81（Drill/counterbore）。在 Options（排序参数）中选择如图4 – 22 所示的先列后行并从下至上的方式加工。

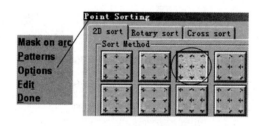

图4 – 22　孔加工排序参数

（2）T2 ~ T5。重复步骤（1），按表4 – 8 及配合图4 – 17 设置刀具参数和切削参数，并对应表4 – 8 中的 G 代码设置钻削循环加工方式。

（3）T6。方法同 T1，但在刀具选择时选用铰刀，并严格按照表4 – 8 配置参数，如图4 – 23所示。

（4）T7 ~ T12。重复步骤（1），按表4 – 8 及配合图4 – 17 设置刀具参数和切削参数，并对应表4 – 8 中的 G 代码设置钻削循环加工方式。

（5）T13 ~ T14。选择 Toolpaths/Drill 命令，再选择 Entities/Groups 项，指定 C40 组，按

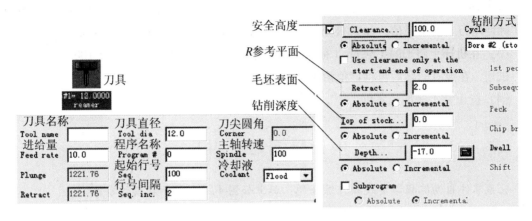

图 4 - 23　孔系加工参数

表 4 - 8 设置刀具参数和切削参数，并对应表 4 - 8 中的 G 代码设置钻削加工方式为 G86（Bore #2）。粗镗镗刀直径分别为 $\phi33$ mm、$\phi36$ mm、$\phi39.94$ mm。精镗镗刀直径分别为 $\phi39.98$ mm、$\phi40.015$ mm。

（6）T15。铣削加工槽。由控制器补偿的特点所决定，编程刀具与真实使用刀具直径没有关系，加工时只决定于在控制器半径补偿代码中的 D 值，因此，在该加工路径中，采用 $\phi8$ mm 刀具进行编程。在第 2 章中，讲述过窄槽类的加工方法，这里不再赘述，做出人工刀具引入/引出线，编程后在程序中修改下刀和抬刀指令的位置，以避免切伤工件。刀具路径如图 4 - 24 所示。

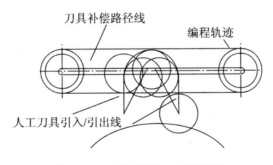

图 4 - 24　窄槽铣削加工刀具路径

（7）选择 Post/change post，并选择"软件目录\Mill\PostsMPFAN. PST"后处理程序或自行修改好的后处理程序文件进行输出数控加工程序（略）。

4. 机床加工操作过程及步骤

（1）进行加工前的准备。将该零件用定位块定位，用压板固定于工作台上，用对刀芯棒或直接用刀具以工件左上角上表面顶点为对刀原点，并将 X、Y、Z 坐标值输入机床 Offest menu（补偿菜单）的 G54 坐标系中。

（2）按刀具列表依次在机床上对出每一把加工刀具的长度补偿值，并将值一一对应输入至机床 Offest menu（补偿菜单）中的形状补偿"长度"中，在 T15 刀具的半径补偿中输入实际使用刀具的半径值，如 3.98 mm。

（3）在机床上将 Offest menu（补偿菜单）中的偏移坐标系 Z 值修改为 100 mm，进行空走刀试切，在没有问题后再将该值清零，进行首件试切。

（4）按正常工序加工零件。

模拟自测题（四）

孔系零件自动编程与实践操作综合题：加工如图 4 - 25 所示钻模板零件。

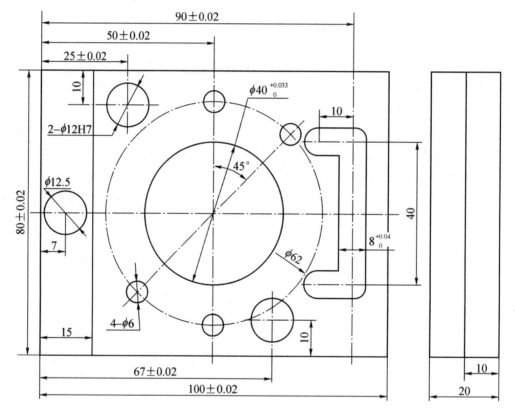

图 4 - 25　钻模板

第5章

刀具路径变换、修剪实训及实例应用

学习和掌握在数控自动编程加工中刀具路径的特殊变换形式（矩阵、旋转、镜像），以提高编程效率，并优化刀具路径的编制过程。学习和掌握对制作完成的刀具加工路径的修剪方法和技巧，这是进行刀具路径优化及避免过切的重要方式。

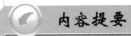

- 刀具路径变换的概念、适用范畴及图纸转换。
- 刀具路径变换的零件加工实例。
- 刀具路径修剪的概念、适用范畴及图纸转换。
- 刀具路径修剪的零件加工实例。

5.1 刀具路径变换的概念、适用范畴及图纸转换

5.1.1 刀具路径变换的概念

在 Mastercam 软件中，对于一般简单或单一形状、轮廓的零件在进行自动编程、输出程序后便可以直接进行加工，但对于一些特殊的零件，存在部分形状完全相同的情况，只是位置有着特殊的关系，如可以通过位移某距离（直角坐标系、极坐标系）、以某特定点旋转一定角度、通过某一直线镜像而达到对原有刀具路径复制（派生）一个或多个刀具路径的方法，就称为刀具路径的变换（Transform）。

必须注意的是，刀具路径在变换后，对原有刀具路径（这个刀具路径必须是已有的）的任何修改将直接影响变换后产生的新刀具路径。因此，如果修改原始刀具路径，则必须对变换后的刀具路径进行重新计算。而刀具路径在变换后，对于派生的新刀具路径的任何修改都不会影响原始刀具路径，这也是和刀具路径修剪不同的地方，这部分内容将在 5.3 节中详细介绍。

5.1.2 刀具路径变换的适用范畴

刀具路径变换主要适用于以下两种情况：一是在某一零件上有形状完全相同，但位置或相对 XOY 面的角度不同的多个待加工部位时（如图 5 – 1 所示，型腔 B 为型腔 A 的关于直线 $L1$ 的镜像，型腔 C 为型腔 A 的关于直线 $L2$ 的镜像，型腔 D 由型腔 C 关于点 O 旋转一定角度后形成）；二是在大型工作台上通过特殊定位同时加工多个相同的零件，如图 5 – 2 所示。这两种情况需要采用刀具路径变换功能来达到编制一个形状或零件的程序，通过计算机自动计算完成其他位置相同形状或零件的加工过程。注：这也适用于二维及三维加工。

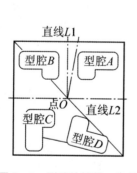

图 5 – 1 型腔的镜像、旋转

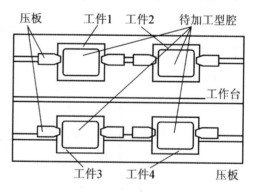

图 5 – 2 型腔的平移、复制

在自动编程刀具路径变换的使用中，如果机床自身具备旋转指令 G68（FANUC）、G258（SIEMENS），坐标系偏移指令 G52（FANUC）、G158（SIEMENS），镜像指令 M21/M22/M23/M20（FANUC）等，还是直接使用特殊指令更加方便。而自动编程刀具路径变换主要针对某些不具备旋转、坐标系偏移、镜像等指令的数控机床，或变化比较烦琐的情况，在使用中应灵活掌握。

5.1.3　刀具路径变换的图纸转换

在对刀具路径进行变换加工时，一般不需要复杂的图纸转换过程，只需要做出镜像参考直线或者旋转中心点（不要采用直接做点 Point 的方式，而应采用由两条相交直线来确定的方式）即可，如图 5 - 1 所示的直线 $L1$、$L2$ 及其相交的点 O。

5.2　刀具路径变换零件加工实例

5.2.1　刀具路径的矩阵及极坐标变换

例如，采用自动编程加工如图 5 - 3 所示零件。

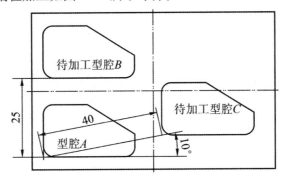

图 5 - 3　平移刀具路径变换型腔实例

1. 图纸分析

根据图纸分析（尺寸略）得知，该零件型腔 A 或 B 为原始加工型腔，为加工编程方便，选择型腔 A 为原始加工形状。采用平面型腔编程方法，首先编制型腔 A 的加工刀具路径（方法详见第 3 章，这里不再赘述），型腔 A 的刀具路径如图 5 - 4 所示。将型腔 A 的刀具路径进行单方向的复制即可得到型腔 B 的刀具路径。

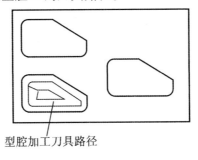

图 5 - 4　原始刀具路径

2. 编程加工方法

（1）在操作管理器中单击鼠标右键，选择 Toolpaths \ Transform 命令，如图 5 - 5 所示。系统弹出如图5-6所示参数对话框。Mastercam 软件提供了3种变换方式，分别为平移（直角坐标系、极坐标系变换两种方式）（Translate）、旋转变换（Rotate）、镜像变换（Mirror）。选择 Translate 项，并选择所需变换的原始刀具路径（如只有一个，则默认该操作为原始操作路径组）。

刀具路径变换

图5-5　刀具路径变换选择

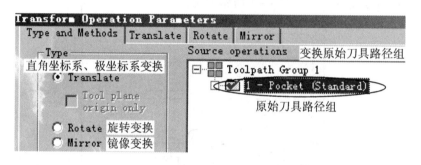

图5-6　平移（直角坐标系、极坐标系变换两种方式）参数

（2）单击矩阵 Translate 选项卡，系统弹出如图5-7所示的参数对话框，其中：

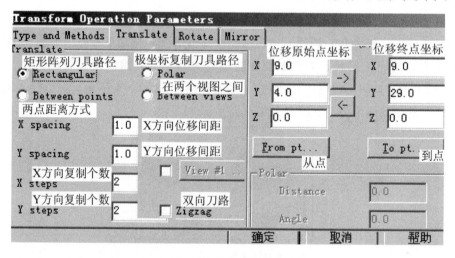

图5-7　刀具路径变换操作参数

① Rectangular（矩形阵列）单选按钮：用于对原始刀具路径按 X、Y 方向的行列数目及间距复制生成新的刀具路径。例如，对该原始刀具路径进行 X spacing 50、Y spacing 30、X steps 3、Y steps 4 变换后，产生新的刀具路径如图5-8所示。

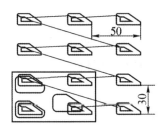

图 5-8　矩形阵列刀具路径变换

② Polar（极坐标复制）单选按钮：用于对原始刀具路径按指定的距离（Distance）和角度（Angle）进行单个或多个复制，以产生新的刀具路径。例如，对该原始刀具路径进行 Distance 50、Angle 30、Steps 4 变换后，产生新的刀具路径如图 5-9 所示。

③ Between points（两点间距离复制）按钮：对原始刀具路径按指定的原始起点坐标 $X=Y=Z=0$，终点坐标 $X=35$、$Y=Z=0$，Steps 3 后，产生新的刀具路径如图 5-10 所示。

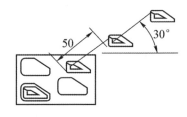

图 5-9　极坐标复制刀具路径

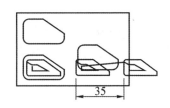

图 5-10　两点间距离复制刀具路径

④ Between views（视图之间距离复制）单选按钮：用于将原始刀具路径在其他视图方向中进行复制，以与前面 3 种方式配合使用。

（3）配置参数为：Between points 方式，对型腔 A 的刀具路径按指定的原始起点坐标 $X=Y=Z=0$，终点坐标 $Y=25$、$X=Z=0$，Steps 1 设置，新产生的刀具路径如图 5-11 所示。

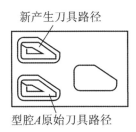

图 5-11　新生成的刀具路径

5.2.2　刀具路径的旋转变换

1. 图纸分析

例如，采用自动编程加工如图 5-12 所示零件。

根据图纸分析（尺寸略）得知，该零件型腔中任何一个型腔均可以作为原始加工型腔，其余型腔采用以点 O 为旋转中心，旋转复制原始加工刀具路径即可。

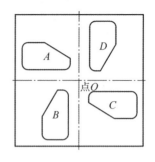

图 5-12　刀具路径旋转变换型腔实例

2. 编程加工方法

（1）在操作管理器中单击鼠标右键，选择 Tool-paths\Transform 命令，在图 5-6 所示的对话框中选择 Rotate（旋转）选项卡，系统弹出如图 5-13 所示参数对话框，具体参数含义见图中说明。

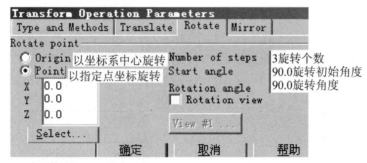

图 5-13　刀具路径旋转参数

（2）按图 5-13 配置参数后，零件加工刀具路径如图 5-14（a）所示，图 5-14（b）所示为在三维加工中的应用实例。

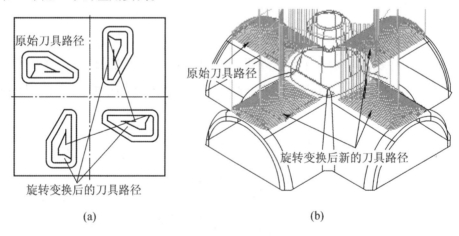

(a)　　　　　　　　　　　　　　(b)

图 5-14　刀具路径旋转变换应用

(a) 零件加工刀具路径；(b) 三维加工中的应用实例

5.2.3　刀具路径的镜像变换

1. 图纸分析

例如，采用自动编程加工如图 5-15 所示零件。

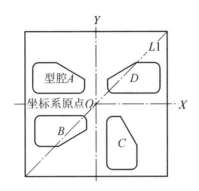

图 5－15　刀具路径镜像变换型腔实例

同样根据图纸分析（尺寸略）得知，该零件以型腔 A 为原始加工型腔，型腔 B 以 X 轴镜像复制，型腔 D 以 Y 轴镜像复制，型腔 C 以直线 $L1$ 镜像复制即可。

2. 编程加工方法

（1）在操作管理器中单击鼠标右键，选择 Toolpaths\Transform 命令，在图 5－6 中选择 Mirror（镜像）选项卡，系统弹出如图 5－16 所示参数对话框，具体参数含义见图中说明。

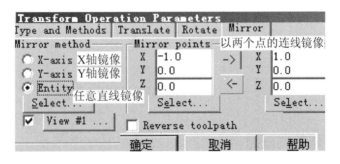

图 5－16　刀具路径镜像变换操作参数

（2）按图 5－16 参数配置后，以 X 轴镜像生成新的镜像刀具路径。再重复这步操作，分别以 Y 轴、直线 $L1$ 镜像生成如图 5－17 所示的刀具路径操作组和刀具路径。

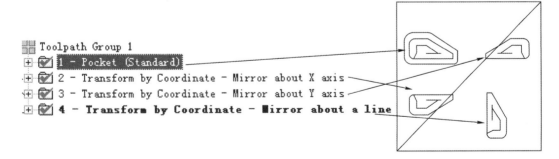

图 5－17　刀具路径镜像变换操作示意

5.2.4 刀具路径变换的注意事项

在刀具路径的变换中,一般是对某一个原始的刀具加工路径进行旋转等各种复制操作,然后派生(复制)出新的刀具路径,而原始刀具路径不发生任何变化。但在特殊情况下,可以对一个变换之后的新刀具路径再进行变换和派生,理论上可以进行无穷次的刀具路径变换和派生。如图 5-18 所示为刀具路径经过两次旋转和一次镜像变换后的刀具路径。

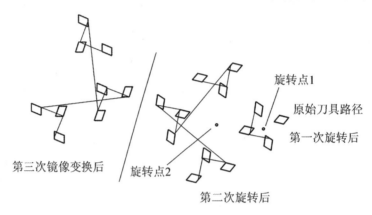

图 5-18 刀具路径变换

5.3 刀具路径修剪的概念、适用范畴及图纸转换

5.3.1 刀具路径修剪的概念

在 Mastercam 软件中,对于特殊的刀具路径、极为复杂的三维刀具路径的加工程序优化以及在加工中刀具路径过切的干涉处理等,均需要对现有的刀具路径进行裁剪,以保留有用部分的操作,这称为刀具路径的修剪(Trim)。

刀具路径修剪与刀具路径变换的不同之处在于,其原始刀具路径将直接发生变化,同时会产生的新的刀具路径操作组,但该操作组并不像变换操作那样独立存在,而是完全依附于原始刀具路径操作组,它们两者任意一者发生变化,都会互相影响。如图 5-19(a)所示为刀具路径变换操作,如图 5-19(b)所示为刀具路径修剪操作。从图 5-19(b)中可以明显看出,原始刀具路径发生了变化,因此,修改刀具路径修剪参数,必须对原始刀具路径和修剪后的刀具路径进行重新计算。刀具路径修剪操作组无法独立输出程序,必须与原始刀具路径一起输出一个修剪后的程序。

变换操作中,原始路径独立,新生成的刀具路径具有独立的刀具路径数据文件(即 NCI)控制流。而对于路径修剪操作,原始刀具路径的 NCI 文件控制流被修改;同时,新产生的程序操作组 Trimmed 没有单独的 NCI 文件控制流,仅有独立的裁剪边界控制线参数。

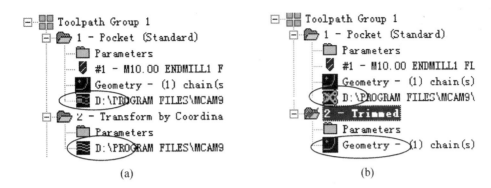

图 5 - 19　刀具路径变换和刀具路径修剪的区别

（a）刀具路径变换；（b）刀具路径修剪

注意事项：

（1）对于将一个原始刀具路径进行变换操作之后产生的新刀具路径，仍然可以被修剪，以保留所需要的刀具路径，如图 5 - 20 所示为被修剪后的刀具仍然可以继续变换。

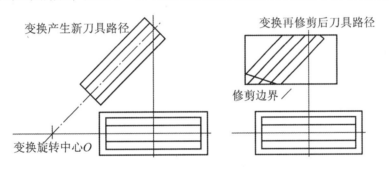

图 5 - 20　刀具路径在变换后再修剪

（2）对一个原始刀具路径进行修剪操作之后，允许再进行变换操作，以产生新的刀具路径，如图 5 - 20 所示，同样被修剪的刀具路径仍然在变换次数上没有限制。

（3）对一个原始刀具路径只能进行一次修剪操作（不同于变换操作），并且修剪边界线只能有一条，且这条边界线必须封闭，如图 5 - 21（a）和 5 - 21（b）分别为修剪前、后的路径情况。

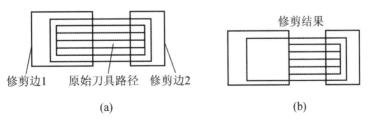

图 5 - 21　刀具路径边界线

（a）修剪前；（b）修剪后

5.3.2 刀具路径修剪的适用范畴

刀具路径修剪主要用在以下几种情况：

（1）刀具路径出现在非加工区域，将产生过切或切伤毛坯及工装夹具等问题。如图 5-22 所示，该零件椭圆球的曲面精加工刀具路径将覆盖整个零件表面（当然也可以在加工参数中只选择上曲面为驱动面，但对于复杂三维零件就很困难），由于该零件周边没有锥度，可以直接采用立铣刀加工，因此在这种非加工区域的刀具路径去除就必须用到刀具路径的修剪。

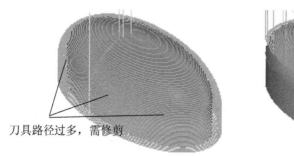

刀具路径过多，需修剪

图 5-22 刀具路径修剪实例

（2）对分散刀具路径集中处理，保留局部完整的刀具路径，最大程度上减少换位空刀切削时间，提高加工效率，降低加工成本时，需要用到刀具路径的修剪。如图 5-23 所示，三通模型的平缓曲面由于在等高精加工后残余材料仍然较多，表面粗糙度差，所以必须进行浅平面精加工的补加工。但由于加工位置分散，在每个平缓曲面加工完成后会将刀具抬起切削另一区域，导致空刀次数太多，严重影响切削效率，且不断使刀具垂直下刀，会使刀具寿命受到影响，因此应采用刀具路径修剪，将刀具路径只保留集中的一部分，如图 5-24 所示，然后采用刀具路径变换的镜像（或旋转）操作，将这个单独区域精加工的刀具路径复制到其他区域，最终生成的刀具路径如图 5-24 所示。

抬刀空刀太多　　　　此处不需要加工

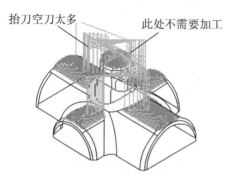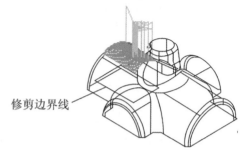

修剪边界线

图 5-23　错误的刀具路径（加工空刀太多）　　　图 5-24　刀具路径被修剪

（3）对部分区域单独进行精加工，需要将刀具路径从所定义的修剪边界线中提取出来时，需要采用刀具路径的修剪操作。

5.3.3　刀具路径修剪的图纸转换

在刀具路径的修剪操作中，其图纸转换概念是比较复杂的。图纸转换的最终目的就是要找到并绘制出最合理的刀具路径修剪边界线。

修剪边界线设计和绘制的原则及方法如下：

（1）将所需要去除的刀具路径用封闭边界线包围起来，如图 5 - 25（a）所示。

（2）将所需要保留的刀具路径用封闭边界线包围起来，如图 5 - 25（b）所示。

修改后效果如图 5 - 25（c）所示。

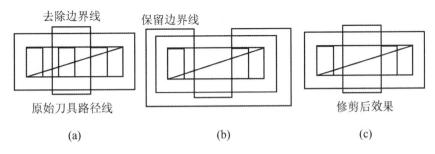

图 5 - 25　修剪边界线的绘制

（a）去除刀具路径被包围；（b）保留刀具路径被包围；（c）修剪后效果

从图 5 - 25 中可以看出，去除和保留的边界在某种情况下是相反的，但方法适当可以达到相同的目的。

（3）在三维实体模型的加工中，在特殊情况下可以抽取实体边界线，但所抽取出的边界线应尽量在 *XOY* 平面内。如果抽取出的边界线不在一个平面上，则可以采用曲线投影方式将空间三维曲线投影到 *XOY* 平面上，以形成该修剪边界线，如图 5 - 26 所示。

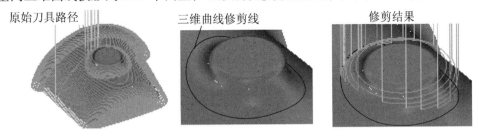

图 5 - 26　三维实体局部刀具路径修剪实例

（4）在三维加工中，如果确实需要对某一条刀具路径进行多次修剪，可以采用除最后一次使用边界线修剪外，其余均采用刀具路径包围线（Tool containment）的方法来控制刀具路径生成的范围，具体使用方法参见第 6 章。

5.4 刀具路径修剪零件加工实例

加工实体五角星零件，如图 5-27 所示。具体三维编程过程见第 6 章，此处以修剪为讲解重点。

图 5-27 实体五角星零件

编程加工方法：

（1）三维挖槽（Pocket）粗加工（略）。

（2）"等高 Contour"精加工。刀具路径将覆盖整个零件表面，如图 5-28 所示。其中圆柱实体上表面由于为平面，故在等高加工中无法加工；而圆柱周面有完整的刀具路径，但这部分是装夹位置，不允许加工。因此，应将多余的刀具路径修剪去除，绘制如图 5-29 所示的修剪边界圆。

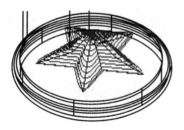

图 5-28 原始等高精加工刀具路径

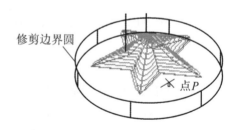

图 5-29 修剪后的等高精加工刀具路径

（3）在操作管理器的原始等高加工路径操作上单击鼠标右键，选择 Toolpaths/Trim 命令，系统显示串联菜单。串联该边界圆（修剪边界线），选择 Done（执行）命令后，系统显示并要求选取将要保留的刀具路径的大致位置，如图 5-30 所示。在圆内单击任意点，如图 5-29 中的点 P，系统将做出修剪方向箭头，并弹出如图 5-31 所示参数对话框。图 5-29 所示为修剪完成后的刀具路径。

（4）对圆柱实体上表面的加工采用"浅平面（Shallow）"的加工方法，刀具路径如图 5-32 所示。在这种加工中，同样存在刀具路径不集中、空刀太多的现象，做出如图 5-33 所示的刀具路径修剪边界线，采用与图 5-29 相同的修剪方法保留部分相对集中的刀具路径，修剪完成后的刀具路径如图 5-33 所示。

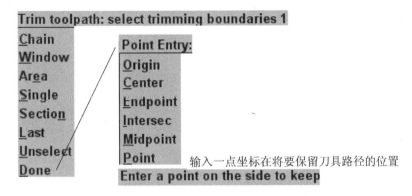

图 5 – 30　串联修剪边界并提供保留区域点

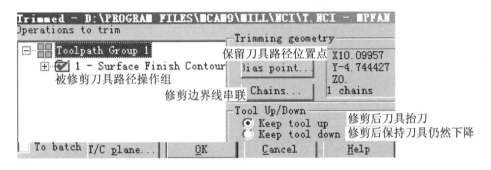

图 5 – 31　刀具路径修剪操作参数

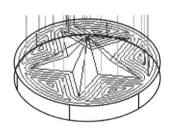

图 5 – 32　浅平面刀具路径

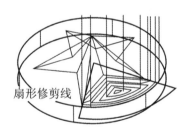

图 5 – 33　刀具路径修剪

（5）对修剪后的刀具路径以五角星中心为旋转中心，旋转变换到其余部分，形成的最终刀具路径如图 5 – 34 所示。

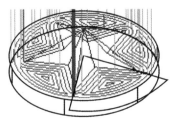

图 5 – 34　刀具路径旋转复制

模拟自测题（五）

完成图 5-35 和图 5-36 所示的零件的加工，采用旋转、镜像或平移等变换操作加工。

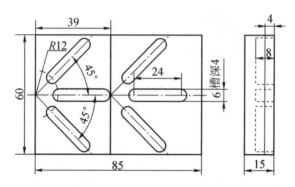

图 5-35 平面键槽组合

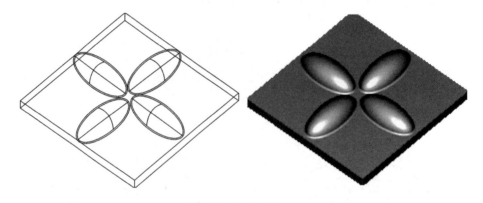

图 5-36 半椭球组合体

第6章

三维实体（曲面）铣削加工自动编程实训及实例应用

 学习目标

　　学习和掌握在三维实体（曲面）的数控自动编程加工中，图纸的正确识别及转换、刀具路径的优化以及在实际生产中三维实体零件的加工工艺分析方法和过程。通过对实际生产零件的实例讲解，系统性地认识和掌握整个三维加工过程。

内容提要

- 三维实体模型自动编程的概念、加工工艺优化及图纸转换。
- 粗、精加工的概念、区别及适用范围。
- 三维实体（曲面）编程中表面质量（粗糙度）的控制。
- 三维实体类零件自动编程加工工艺分析及编制。
- 二维轮廓、型腔铣削加工配合三维实体自动编程加工。
- 三维突起实体（飞机模型）类零件的加工实例。
- 三维实体（模具）模型类零件的加工实例。
- 三维综合（飞机机翼短梁）类零件的加工实例。

6.1　三维实体模型自动编程的概念、加工工艺优化及图纸转换

6.1.1　三维实体模型自动编程的概念

　　三维实体（曲面）零件的加工与二维轮廓、平面型腔及孔系零件的编程加工概念完全不一样。虽然在二维零件加工中一般只有机床的两个轴一起联动或单轴运动（X、Y 或 Z），但在三维实体加工中并不是简单的一定有三个轴（X、Y、Z）同时联动的概念。所谓的三维实体（曲面）加工在广义上分为两大类：一类是普通的三维实体固定轴铣削加工，即 Z 轴的上下运动分别配合 X、Y 轴运动，可以是两轴、两轴半及三轴同时联动加工零件，如图 6 - 1（a）所示；另一类是三维实体的变轴铣削加工。在三维实体的变轴铣削加工中，机床具备 X、Y、Z 轴以外的其他轴，如 A、B、C，U、V、W 等旋转轴加工，这些旋转的轴可以是主轴绕 X 轴的旋转，也可以是主轴绕 Y 轴的旋转，还可以是工作台分别绕 X、Y、Z 的旋转等，如图 6 - 1（b）和图 6 - 1（c）所示。

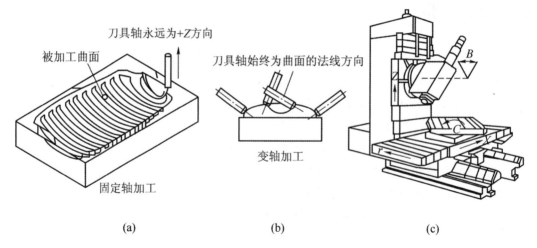

(a)　　　　　　　　　　(b)　　　　　　　　　　(c)

图 6 - 1　三维实体（曲面）加工的分类

（a）固定轴加工；（b）变轴加工；（c）多轴加工机床

　　固定轴所允许加工的三维实体（曲面）零件在形状上有一定的限制，由于刀轴固定，所以对于由 Z 轴向 XOY 平面投影产生的内凹零件是无法加工的。而变轴加工对这类零件有极大的加工优势，只要在刀具极限摆角范围之内，都是可以加工的，如图 6 - 2 所示。由于篇幅有限，本书仅以三维实体固定轴铣削加工为主要内容进行讲解。

图 6 - 2　叶片三维模型

6.1.2 三维实体模型自动编程加工工艺优化

在对三维曲面进行自动编程前，必须了解常见曲面的构成方式。只有了解了曲面的构成方式后，才能对其曲面进行合理的加工方法选择，用最优化的刀具路径和最好的加工效果来编程，最后通过 Mastercam 软件完成曲面的自动编程与加工。

6.1.2.1 常见的数控铣削加工的曲面构成方式

1. 举升曲面（Loft）

举升曲面是顺接或串联至少两条曲线而构建的一个曲面，它将构建一个在每条曲线相接处均光滑过渡的曲面，如图 6 - 3 所示。这种曲面的加工，由于 Z 轴的变化较大，而 X、Y 轴变化较小，因此可以采用两轴半联动的方式进行加工，并且走刀方向尽量保持与 X 轴或 Y 轴一致。根据实际曲面形状及图纸要求的光滑度（刀纹方向）进行选择，对于本例，由于 Y 轴方向也是曲线方向，因此可以选择以 X、Z 轴联动而进行平行（Parallel）精加工，如图 6 - 3 所示的刀具路径方向。

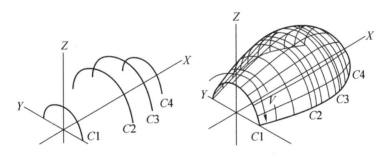

图 6 - 3 举升曲面及加工

2. 直纹曲面（Ruled）

直纹曲面是由顺接或串联至少两条曲线而构建的一个曲面，它所构建的是由每条曲线线性过渡的一种曲面，以尖角过渡，如图 6 - 4 所示。直纹曲面的加工方法同举升曲面。

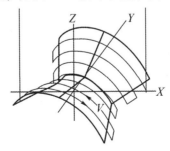

图 6 - 4 直纹曲面及加工

3. 旋转曲面（Revolve）

旋转曲面是由一个或多个串联的曲线，也就是断面轮廓绕着一根简单轴线（即旋转轴）

旋转形成的。当选择一根轴线时，系统在轴线上显示一个临时箭头，指出旋转方向，如图 6 - 5 所示。在确定加工刀具路径时，要注意其方向尽量要与旋转方向一致。

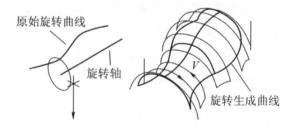

图 6 - 5　旋转曲面及加工

4. 扫描曲面（Sweep）

扫描曲面是物体的截面外形沿切削方向进行平移、旋转、放大和缩小以及做线性熔接，从而构建的多种不同的曲面。在这类曲面的加工中，一般以扫描的长边方向开始进行流线（Flowline）切削，而不以截面方向切削，如图 6 - 6 所示。

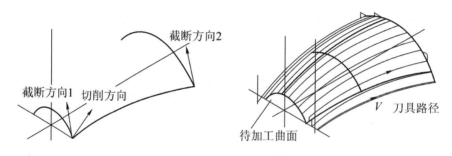

图 6 - 6　扫描曲面及加工

5. 牵引曲面（Draft）

牵引曲面是系统以一个或多个曲线，用给定的长度或角度构建一个带角度的曲面或带锥度的曲面，这个曲线可以是不封闭的图形，如图 6 - 7 所示。这种曲面在自动编程时一般采用等高二维轮廓（Contour）方式，使所形成的刀具路径在每一个 Z 方向上的深度一致，减少了刀具抬刀落刀的次数。

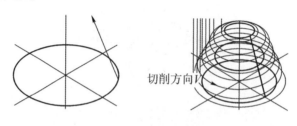

图 6 - 7　牵引曲面及加工

6. 昆氏曲面（Coons）

Mastercam 软件中的昆氏曲面由两种方式构成：一种为简单自动昆氏曲面，由四条首尾连接的空间曲线包围而成；另一种为手动昆氏曲面，这种曲面的建立方法比较复杂，具体方法参见《CAD/CAM 软件应用》。

昆氏曲面的加工刀具路径一般沿两个边沿中的某一个边沿方向进行切削，如图 6 - 8 所示。

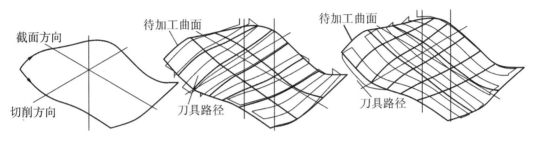

图 6 - 8　昆氏曲面及加工

6.1.2.2　自动编程加工工艺优化方法

（1）不要采用较小的切削公差。在所有的三维粗、精加工中均有 Enter/exit...contours 项的 0.025 mm 的逼近误差（公差）值设置，该值为刀具在计算刀具轨迹时相对驱动曲面的每一点上的过切、欠切公差。该值越小，程序越长，因此只要达到图纸公差要求即可。

（2）在定义切削刀具间距值时，通过计算，在满足图纸要求的表面粗糙度的情况下选取尽可能大的间距值，具体方法参见本章 6.3 节。

（3）选择合理的编程方法，尽可能减少在加工过程中的抬刀次数和抬刀距离，减少刀具空走刀时间和程序段，这也是自动编程加工工艺优化中最重要的一点。如图 6 - 9（a）所示为使用平行精加工方法的抬刀路径线，图 6 - 9（b）所示为使用流线精加工方法的抬刀路径线，从两张图可以明显看出，使用流线精加工的抬刀和落刀次数最少，仅有初始进刀和最后抬刀各一次。

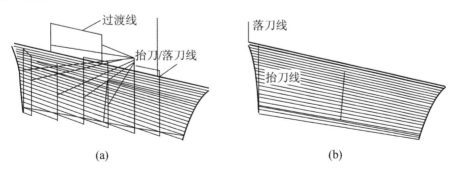

图 6 - 9　选择合理的编程方法

（a）平行精加工刀具路径；（b）流线精加工刀具路径

（4）对零件的不同位置和形状要求，应按形状的单独独立性、形状流线性和轨迹一致性分区域精加工。这样既可以达到所要求的表面粗糙度，还可以优化加工路径，延长刀具使用寿命，降低生产成本。如图 6 - 10 所示为一连杆零件的阳模实体加工效果图。在该图中，如果在精加工中只使用一种方式一次加工成型，那么由于各个位置和形状不一致，加工效果将很差。而在实际加工中，一般将上面两球形坑划分为区域 1，实体外周边划分为区域 2 和区域 3，所有实体上的平面划分为区域 4 和区域 5，而两球形坑由于球形底部非常平缓，还应该进行补精加工。

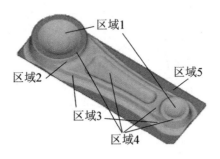

图 6 - 10 曲面加工区域划分

（5）在粗加工中，多数 CAM 软件（如 Mastercam 和 UG 等）在零件的第一层切削时，为了消除毛坯的不均匀性，都在零件表面很浅的深度（0.2 ~ 0.3 mm）加工一次，而这一层在实际加工中没有意义，因此应取消。如图 6 - 11 所示为第一层切削深度由 0.2 mm 改为 2 mm 的效果。

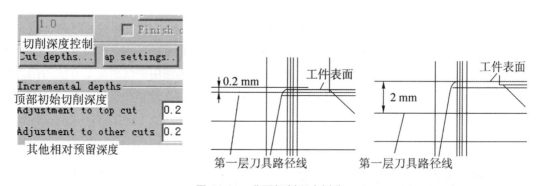

图 6 - 11 曲面切削深度划分

（6）在三维实体（曲面）的加工中，尽量与二维铣削相配合使用，特别是在粗加工中，采用二维加工可以大大地减少程序量和增加程序的可调整灵活性。同时，可以充分利用在二维加工中常用刀具（如端面立铣刀）的良好切削性能，减少球头刀或成型刀具的切削性能差、轴向力大、工件变形等因素所带来的不良影响。可以通过作图和计算找出二维加工无法完成的根部位置，再采用三维加工方法来去除多余的残余材料。如图 6 - 12 所示为端盖半阳模零件，可以使用二维外形或二维挖槽的方式将无曲面部分的残余材料完全去除后，再采用三维挖槽在该轮廓包围线内对实体（曲面）上部的残余材料进行加工。二维铣削与三维实体（曲面）加工的配合是否采用及采用是否合理，直接决定了编程的优化性、合理性、科学性，而且是保证零件尺寸精度、位置公差、表面粗糙度、零件变形等一系列产品质量和保证刀具耐用度、延长机床和刀具的使用寿命、提高工效、降低生产成本的关键所在，也是自动编程加工工艺优化中至关重要的一步。

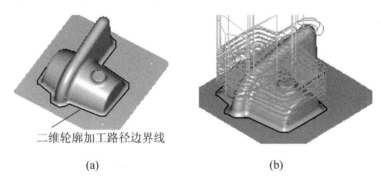

二维轮廓加工路径边界线

(a)　　　　　　　　　　(b)

图 6-12　端盖半阳模零件曲面部分粗加工

6.1.2.3　常用的数控铣削加工刀具轨迹生成方法

一种较好的刀具轨迹生成方法，不仅应该满足计算速度快、占用计算机内存少的要求，更重要的是要满足切削行间距分布均匀、加工误差小、走刀步长分布合理、加工效率高等要求。下面介绍几种常见的刀具轨迹生成方法。

1. 曲面参数线法

曲面参数线法是多坐标数控加工中生成刀具轨迹的主要方法之一，其特点是切削行沿曲面的参数线分布，即切削行沿 u 线或 v 线分布，适用于网格比较规整的参数曲面的加工。这种加工方法在 Mastercam 软件中称为流线加工方法，如图 6-13 所示。

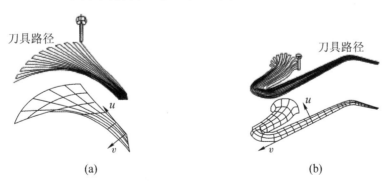

刀具路径　　　　　　　　　　刀具路径

(a)　　　　　　　　　　(b)

图 6-13　曲面参数线法刀具路径的生成

2. 截平面法

截平面法是指采用一组截平面去截取加工表面，截出一系列交线，刀具与加工表面的切触点就沿着这些交线运动，从而完成曲面的加工。该方法使刀具与曲面的切触点轨迹在同一平面上。这种加工方法在 Mastercam 软件中称为平行和放射加工方法，如图6-14所示。

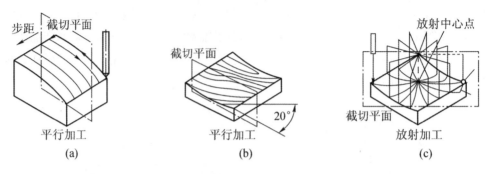

图6-14　截平面法刀具路径的生成

3. 回转截面法

回转截面法是指采用一组回转圆柱面、螺旋圆柱面、沿曲线边界半径逐渐增大或减小的柱面去截取加工表面，截出一系列交线，刀具与加工表面的切触点就沿着这些交线运动，从而完成曲面的加工。一般情况下，作为截面的回转圆柱面的轴心线平行于 Z 坐标轴，如图 6-15所示。该方法要求首先建立一个回转中心，接着建立一组回转截面，并求出所有的回转截面与待加工表面的交线，然后对这些交线根据刀具运动方式进行串联，形成一条完整的刀具轨迹。这种加工方法在 Mastercam 软件中称为等距环绕和浅平面加工方法。

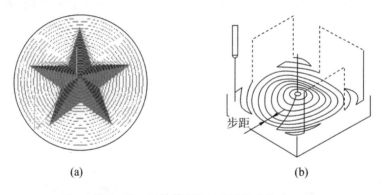

图6-15　回转截面法刀具路径的生成

4. 投影法

对投影型刀具运动轨迹来说，应先在二维平面内定义刀具的运动轨迹为导动曲线，然后把该二维刀具运动轨迹投影到被加工曲面上，再生成加工三维曲面所需的刀具运动轨迹。由于二维平面内定义刀具运动轨迹非常方便、灵活，因此，该方式生成三维曲面的刀具运动轨迹也具有很大的灵活性。这种加工方法在 Mastercam 软件中称为投影加工方法，如图 6-16所示。

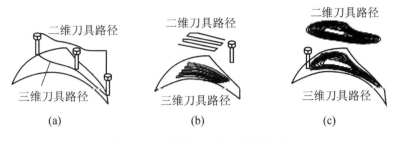

图 6 – 16　投影法刀具路径的生成

6.1.3　三维实体模型自动编程加工图纸转换

在三维实体模型自动编程过程中，对于简单的三维零件，可以直接编程，但对于稍微复杂的零件，就需要对零件图纸的数学模型进行适当的修改或增加辅助曲线串以及辅助曲面。这些辅助曲线主要用于刀具路径包围线、刀具路径修剪线，以对编制后的刀具路径进行编辑修改，以得到所需要的刀具路径，参见第 5 章 5.3 节。辅助曲面主要用于限制加工位置、作为辅助加工曲面和代替被加工的真实曲面，以达到加大加工范围的目的，如图 6 – 17 所示。

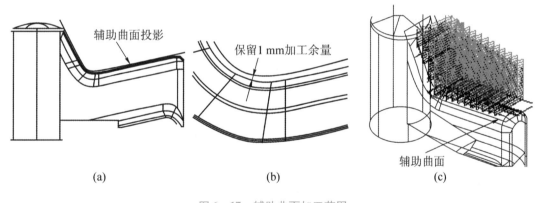

图 6 – 17　辅助曲面加工范围

6.2　三维实体粗、精加工的概念、区别及适用范围

6.2.1　三维实体粗、精加工的概念及区别

在进行曲面的 CAM 加工之前，必须了解什么是粗加工、半精加工和精加工，以及它们之间的区别，这样才能对三维实体有针对性地合理安排加工工艺顺序和采用适当的切削编程方法。

1. 粗加工

（1）曲面的粗加工就是在毛坯实体之上对大部分的多余材料进行切削，其最重要的一个特点是生成的刀具路径是以深度来划分的，一层一层地进行去余量的切削。同时，应根据不同的毛坯形式安排不一样的粗加工方式。例如，对于整体毛坯加工，大都采用挖槽粗加工；而对于铸造毛坯，大都采用流线或平行方式粗加工，如图6-18（a）所示。

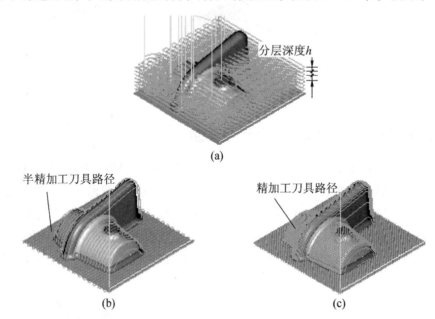

图6-18　三维实体的粗加工、半精加工和精加工

（a）粗加工；（b）半精加工；（c）精加工

（2）粗加工后留下的残余材料（余量）可以是均匀的，也可以是不均匀的，针对一个实体零件的局部区域，粗加工只能有一次。

2. 半精加工

（1）在实体粗加工完成以后，在余量较大并且残余材料不是很均匀的情况下，必须安排半精加工，为精加工打基础。保证剩余材料的残余高度一致性是半精加工的目的和作用。半精加工所采用的刀具路径在 Mastercam 软件中没有特殊的安排，均采用精加工的方式来编程，但区别在于余量和刀具路径间距较精加工的大，如图6-18（b）所示。

（2）半精加工后留下的残余材料（余量）必须均匀，对于不同要求的实体零件（或同一区域），半精加工次数可以是一次或者多次。

3. 精加工

（1）在实体进行半精加工完成以后，就要安排精加工。精加工最大的一个特点是所编制出的刀具路径是附着在全部要加工曲面（驱动面）的表面之上的，一般一个精加工刀具路径只有一层。必须注意的是，如果被加工面被分为几个区域分开精加工，那么每个精加工完成后的最终余量（模具钳工打磨量）必须一致，否则将会产生接刀痕迹。同时，几个区域的干涉面余量也应一致，如图6-18（c）所示。

（2）精加工后留下的残余材料（余量）即零件图纸要求的尺寸公差和表面粗糙度，在同一曲面区域上的余量也必须是均匀的。一般不允许对同一实体零件进行两次以上的精加工，但可以对同一区域进行多次精加工。这种情况主要出现在，当某一曲面使用某种精加工方法加工后，局部极平缓或极陡峭区域的粗糙度无法达到要求而采用补加工时。

6.2.2　实体粗、精加工的适用范围

三维实体的加工主要根据零件毛坯的形式和实体的形状选择粗、精加工方法。对于整体毛坯，一般采用能够去除大余量的加工方法，如挖槽、平行、投影等方式。而对于已铸造成型的大致毛坯，由于整体形状已经基本成型，因此只需要半精加工和精加工配合使用。

在三维实体的粗加工中，还应注意其与二维轮廓或者平面型腔配合使用。这是由于在曲面的粗加工中一般采用球头铣刀进行切削，而这类刀具的强度和切削性能都较差，特别是在垂直方向的切削阻力非常大，而转换到二维平面加工中，则可以将切入/切出点放在零件的外部，避免了刀具的垂直切削，进而转化为刀具的侧刃切削。

6.3　三维实体（曲面）编程中的表面质量（粗糙度）的控制

由于在三维实体编程加工中，最终目的是控制零件的尺寸和表面粗糙度，因此必须了解精加工常使用的刀具样式，如图 6-19 所示。

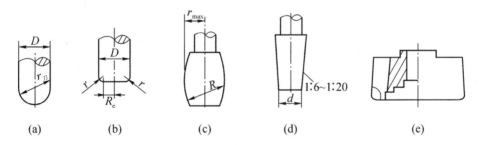

图 6-19　三维实体精加工常使用的刀具样式

（a）球头刀；（b）环形刀；（c）鼓形刀；（d）锥形刀；（e）盘形刀

在曲面的精加工中，除主轴转速（切削速度）、进给量、背吃刀量和侧吃刀量，以及不同的设备、不同的工件材料、不同的刀具等不易改变的因素外，对零件表面粗糙度影响最大的就是切削加工中的步长和行距这两个参数，而这两个参数的确定通常也是数控自动编程工艺人员难以解决的问题。如何确定一个既能节省加工时间，又能减少刀具磨损，同时还能达到所要求的表面粗糙度的合理切削行距将是本节研究的重点。在确定这些参数时，主要以球头刀来分析，其他刀具的分析原理一致。

1. 步长（步距）l 的确定

步长用来控制刀具步进方向上两个刀位点位置之间的距离（长度），决定刀位点数据的多少。此步长与插补计算中的轮廓步长含义不完全相同。

CAM 系统一般提供两种定义步长的方法：

（1）直接定义步长法。直接定义步长法是在编程时直接给出步长值，系统按给定步长计算各刀位点位置。由于步长是根据零件的加工精度要求来确定的，因此采用此法需要一定的经验，如图 6 - 20 所示。

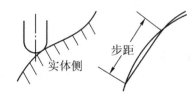

图 6 - 20　直接定义步长法

（2）间接定义步长法。间接定义步长法是通过定义逼近误差 Er（也有直接称为公差、弦高值等）来间接定义步长的方法。逼近误差 Er 可以采用指定外逼近误差值、指定内逼近误差值、同时指定内/外逼近误差值 3 种方式，如图 6 - 21 所示。

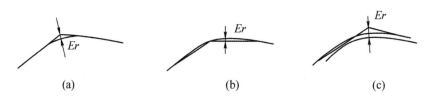

(a)　　　　　　　　　　(b)　　　　　　　　　　(c)

图 6 - 21　间接定义步长法

（a）外逼近误差值；（b）内逼近误差值；（c）内/外逼近误差值

对于精度要求较高的大型复杂零件（如模具型面），在实际加工中一般采用指定外逼近误差值的方法。为保证其数控机床加工后具有高精度，钳工研修工作量小，确保研修后零件表面形状的失真性在要求的范围内，同时考虑生成刀位轨迹时不产生过多的刀位点，型面精加工和精清根加工的逼近误差值（公差）一般选为 0.015 ~ 0.03 mm。

2. 行距（切削间距）S 的确定

行距（切削间距）S 是指加工轨迹中相邻两行刀具轨迹之间的距离。

在数控工艺参数中，行距的选择是非常重要的，它关系到被加工零件的加工精度和加工成本。行距小，则加工精度高，钳工的研修工作量小，但所需加工的时间长，成本费用高；行距大，则加工精度低，钳工的研修工作量大，研修后零件型面的失真性较大，难以保证零件的加工精度，但所需加工时间短，成本费用低。由此可知，行距必须根据加工精度的要求及占用数控机床的机时来综合考虑。在实际数控工艺参数确定中，可采用如下两种方法定义行距。

（1）直接定义行距 S。该方法通过直接定义两相邻切削行之间的距离来确定行距。该方法的特点是算法简单、计算速度快，它适合于零件的粗加工、半精加工和形状比较平坦的零件的精加工刀具运动轨迹的生成。对于粗加工而言，行距一般选为所使用刀具直径的一半左右；对于平坦零件的精加工而言，行距一般选为所使用刀具直径的 1/10 左右。

（2）用残留高度 h 来确定行距 S。残留高度是指沿被加工表面的法矢量方向上，两相邻切削行之间残留沟纹的高度 h（图 6-22 中的 CE 值）。h 大则表面粗糙度值大，必将增大钳修工作难度，并降低零件最终加工精度；h 选得太小，虽然能提高加工精度，减小钳修困难，但程序冗长，占机加工时间成倍增加，效率降低。因此，行距 S 的选择应力求做到恰到好处。

行距 S 的选择通常采用两种方法：

一种是做图法绘制出所应有的刀具间距 S。如图 6-22 所示的 h 为已知的表面粗糙度（波峰和波谷距离），R 为确定使用的球头刀刀具半径，图中 S 即为所求行距。

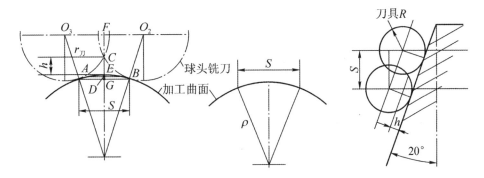

图 6-22　行距 S 的作图和计算法

另一种是计算法，这里直接给出 S 的近似计算公式为：

$$S \approx 2\sqrt{h(2r_{刀}-h)} \cdot \frac{\rho}{r_{刀} \pm \rho} \tag{6-1}$$

式中：$r_{刀}$——刀具半径；

ρ——曲面曲率半径；

其余符号意义同前。

6.4　三维实体类零件自动编程加工工艺分析及编制

在三维实体零件的自动编程加工中，其工艺分析占据非常重要的地位。工艺分析的正确与否直接决定了零件的加工是否合格，同时由于很多模具零件较薄，故也决定了零件在加工过程中是否会变形、是否为后续的其他加工留有合理的基准和装夹等一系列的问题。工艺分析主要包括读图、识图和坐标系的确定，刀具和切削参数的分析，粗、精加工安排及余量分配。

6.4.1　读图与识图，坐标系的确定

正确的识图是确保坐标系正确设定的前提，也是分析整个零件合理加工方法的重要步骤。必须注意的是，三维零件加工的坐标系必须随程序清单或工艺工序卡注明并下发。

三维零件读图、识图的步骤：

（1）遵守四基准重合原则，合理确定工件坐标系。工件坐标系在后续加工工序中应始终具体地存在，而不应该被加工切削掉。

（2）读懂零件图纸三维构成的各部分，将复杂零件简化为简单区域，将有相同流线的曲面组合在一起进行加工。

（3）根据分解后的加工区域选择合理的加工方法。

如图 6-23 所示为连杆阳模零件加工图。由于零件关于 X 轴对称，且该零件的最大部分和最重要的位置为左端，因此编程坐标系设定于图示位置。该零件的上部分可以简单地看成由两个圆球凹坑和一个矩形锥坑组成。两端为两个圆锥台，并由两个锥度弧连接而成。因此，在整个精加工中，主要以等高方式加工，但应分区域进行加工。

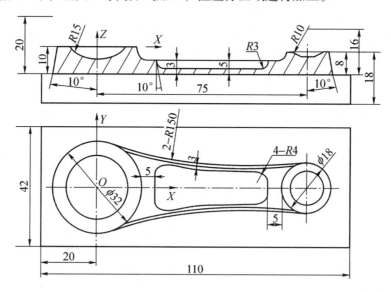

图 6-23 连杆阳模零件加工图

6.4.2 刀具和切削参数分析

在三维实体零件的加工中，由于大量曲面加工的存在，因此工艺员大都采用球头刀具直接进行粗、半精、精加工。而这种加工方法存在成型刀具成本高、切削性能差、切削效率低的缺点。

1. 刀具的选用原则

（1）粗加工优先使用二维自动编程进行加工，优先选用立铣刀，当刀具无法直接进行扎刀时，采用预先加工落刀孔。在条件限制无法加工落刀孔时，采用键槽铣刀。在余量较小、壁薄、材料较软的情况下，最后考虑选择环形刀。

（2）半精加工由于余量已较小，采用立铣刀或键槽刀具容易切伤工件，此时应优先选择环形刀具，利用倒圆半径 r 进行切削，刀具的强度较好。在条件不允许的情况下，最后考虑球头铣刀。

（3）精加工时的余量最小，是为了保证零件的尺寸精度和表面粗糙度的最终加工。由于刀具半径越大，在相同的切削刀间距 S 时，表面粗糙度越小，因此不仅要求刀具加工后能得到较小的表面粗糙度，还要防止零件因为刀具轴向力过大而引起零件变形以及刀具直径太小而引起刀具弯曲变形的欠切。在这种情况下考虑综合因素，选择具有合适半径圆角的环形刀具，可以满足要求。如果曲面需要利用刀具的刀尖进行加工，则只能采用球头铣刀，即使如此，也应选择较大直径的刀具。球头铣刀的刀具半径 R 不允许大于最小的内凹曲面曲率半径。

刀具的选择顺序为：立铣刀→键槽铣刀→环形铣刀（或鼓形铣刀）→球头铣刀。

2. 切削参数的选用原则

（1）选择粗加工的切削深度。这个深度值不宜过小，否则会造成浪费，降低切削效率，且刀具有效切削部分不能充分利用，加快刀具的磨损，提高生产成本。这个深度值也不宜过大，否则切削速度将降低，会给半精加工留有较大的残余材料而造成切削困难，无法顺利完成半精加工，也无法给精加工留有均匀的切削余量。因此，粗加工中的切削深度应按折中的原则选用，一般为在粗加工完成后最大残余材料波峰波谷值不大于半精密加工刀具直径的 1/4。切削速度和主轴转速根据已确定的切削深度、被加工材料、刀具材料和机床性能选择。

（2）确定半精加工的切削参数。半精加工切削深度值直接选择为给精加工留余量后的全部切削量，这个深度值在自动编程中是不需要确定的，在给定精加工余量后由计算机自动计算。需要考虑的是切削行距 S，该值根据在半精加工后留给精加工的余量粗糙度而定，如图 6-24 所示。切削速度和主轴转速根据被加工材料、刀具材料和机床性能选择。

（3）确定精加工的切削参数。精加工切削深度值直接选择为精加工后所要保证零件图纸要求的表面粗糙度。因此，精加工中的切削深度值在自动编程中也是不需要确定的。所需要考虑的是精加工的切削行距 S，该值的确定通常是一个较为困难的问题。行距值并不是越小越好。行距值越小，加工时间越长，刀具磨损反而加快；行距值越大，粗糙度越差，如图 6-25 所示。该值的确定方法参见本章 6.3 节精加工中表面粗糙度的控制。切削速度和主轴转速根据被加工材料、刀具材料和机床性能选择较高的值，以提高表面粗糙度。

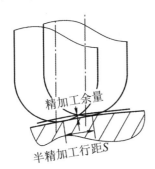

图 6-24　半精加工切削行距的确定

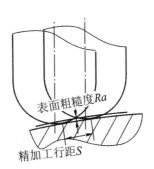

图 6-25　精加工切削行距的确定

6.4.3 粗、精加工安排，余量分配

在三维实体零件的自动编程加工中，由于实体零件曲面比较复杂，因此其粗加工、半精加工、精加工的合理有序安排是保证零件最终加工合格、提高生产效率和降低生产成本的重要因素。在一般的三维实体零件的加工过程中，理论上的加工顺序是先粗加工，再半精加工，最后精加工。但在实际使用时，由于必须考虑工序集中、刀具集中的问题，常常出现满足了加工顺序，但满足不了刀具集中的现象，造成在加工中经常需要更换直径不等、规格不一的多种刀具。而在很多企业采用数控铣削进行类似三维零件的加工过程中，常会因为刀具混乱而产生刀具更换错误，进而造成零件报废，甚至刀具报废的情况。因此，确定一个合理的粗加工、精加工顺序是本节重点研究的问题。

一个合理、优化的粗加工、精加工顺序所遵守的原则包括以下几点：

（1）按装夹工艺划分，每次装夹应尽量完成本次加工面上的所有型腔和曲面。

（2）在一次装夹中，按由大刀具到小刀具的加工顺序编程加工，从大型腔到小型腔（曲面）进行排序。

（3）当小型腔所使用的粗铣削刀具直径仍然小于大型腔精加工所使用的刀具直径时，应以刀具顺序为主安排加工顺序，即先完成大型腔的精加工，再开始进行小型腔的粗加工过程。

（4）在满足以上原则的情况下，遵守由粗到半精、再到精加工的加工顺序。

6.5 二维轮廓、型腔铣削加工配合三维实体自动编程加工

在三维实体加工中，常用二维自动编程的方式来完成粗加工，这一点在本章6.1.2.2中已经说明，现以实例图6-26所示的零件为例，介绍自动编程加工过程。

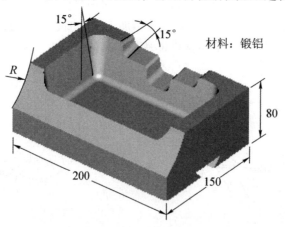

图6-26 三维实体零件加工

1. 图纸分析及图纸转换

（1）图纸分析。该零件是某玩具厂自动压塑模具机刃口成型部分的一个零件。零件为一六方体型腔，中部为一个带有15°拔模斜度的锥型腔，该型腔整体要求留有0.01~0.03 mm的钳修量，要求表面粗糙度达到Ra3.2。

零件前部为一个R曲面，以形成刀刃口，并要求保留尖角。该刀刃要求留有0.03~0.05 mm的钳修量，要求表面粗糙度达到Ra3.2。

零件后部为倾斜15°阶台槽，要求表面粗糙度为Ra6.3。

说明：燕尾槽为已加工部位，用于在压塑模具机导轨上滑动用，底面为精加工后的平面，用于与其他部件配合，与本次加工无关，此处不再详细介绍。

（2）图纸转换。配合加工工艺分析后做辅助线，但首先需做出图示角度线和圆弧线（采用曲线绘制中实体上抽取单一边界线 One edge 方法）。

2. 自动编程加工工艺分析

加工部位顺序安排：根据图纸分析确定首先加工中间型腔部分，其次加工R曲面刃口，最后加工阶台槽。由于型腔槽和阶台槽内半径R相同且较小，因此其精加工放在最后完成。

确定加工顺序为：型腔加工→R弧面加工→阶台槽加工。

（1）编程坐标系的确定。由于底面为精加工后的曲面，并遵从坐标系选定原则，故将编程坐标系原点定于工件底面中心处。

（2）粗、精加工安排，余量分配。型腔粗加工（二维）→R弧面粗加工（二维）→阶台槽粗加工（二维）→型腔半精加工（三维）→型腔精加工（三维）→R弧面半精加工（三维）→R弧面精加工（三维）→阶台槽精加工（三维）。

（3）刀具选用、切削参数选用及工艺卡的编制见表6-1。

表6-1　数控加工工艺卡片

序号	加工部位	自动编程方法	选择刀具/mm	刀具长补	切削进给量/(mm·r^{-1})	下刀进给量/(mm·min^{-1})	转速/(r·min^{-1})	每层切深/mm	切削深度/mm	加工余量/mm XY	加工余量/mm Z
1	型腔粗	二维轮廓铣削	φ12立铣刀	H1	200	100	2 000	4	+6	0.2	0.2
2	R弧面粗	二维轮廓铣削	φ12立铣刀	H1	400	150	3 000	0.5	+8	0.2	0.2
3	阶台大槽粗	二维型腔铣削	φ12立铣刀	H1	400	150	3 000	4	0	0.2	0.2
4	阶台小槽粗	二维轮廓铣削	φ4立铣刀	H2	150	70	2 000	2	0	0.2	0.2
5	型腔半精	曲面等高精加工	φ8球头刀	H3	350	180	3 000	1		0.1	

续表

序号	加工部位	自动编程方法	选择刀具/mm	刀具长补	切削进给量/(mm·r⁻¹)	下刀进给量/(mm·min⁻¹)	转速/(r·min⁻¹)	每层切深/mm	切削深度/mm	加工余量/mm	
										XY	Z
6	型腔精	曲面等高精加工	φ8球头刀	H3	450	180	4 000	0.2			
7	R弧面精	曲面平行精加工	φ8球头刀	H3	450	180	4 000	0.2			0.04
8	型腔底面精	曲面浅平面精加工	φ6球头刀	H4	450	180	4 000	0.15			
9	型腔精铣削清根	曲面清根精加工	φ6球头刀	H4	450	180	4 000	0.15			0.02
10	阶台槽精	曲面平行精加工	φ6球头刀	H4	450	180	4 000	0.15			0.02

3. 自动编程操作及步骤

（1）型腔粗加工。在俯视图投影内做出型腔粗加工的包围线，如图6-27所示。采用二维轮廓（Contour）编程加工，按表6-1设置刀具和切削参数，其中：

设置Compensation（补偿方式）为Computer（计算机内部补偿），激活Depth cuts（深度分层）后设置Max routh step（最大切削深度步进量）的值为4 mm，Taper angle（拔模角）的值为15°，粗加工路径如图6-27所示。

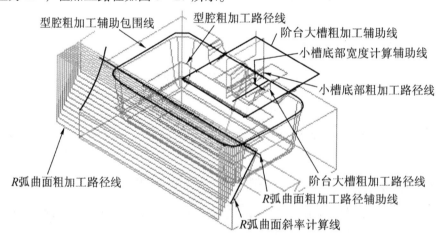

图6-27　粗加工路径

（2）R弧面粗加工。在右视图中做出R弧面的斜面线（连接圆弧曲面两角点A、B）并偏移一个距离0.4 mm，再在俯视图上做出零件表面上的斜面切削辅助线，并分析查询出斜面的Taper angle（拔模角）为37.3°，如图6-28所示。同样采用二维轮廓（Contour）编程加工，按表6-1设置刀具和切削参数，其中：

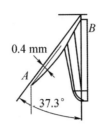

图 6 – 28　斜面角度测量

设置 Compensation（补偿方式）为 Computer（计算机内部补偿），激活 Depth cuts（深度分层）后设置 Max routh step（最大切削深度步进量）的值为 0. 5 mm，Taper angle（拔模角）的值为 37.3°。粗加工路径如图 6 – 27 所示。

（3）阶台拔模斜度大槽粗加工。

大槽：在俯视图查询（用 Creat/Curve/one edge 抽取单一边界线方式）出大槽底最高点，并将它作为 Z 深度。绘制如图 6 – 27 所示的大槽粗加工辅助线，注意该辅助线必须小于槽底倒圆内轮廓线。

采用二维挖槽（Pocket）编程加工，按表 6 – 1 设置刀具和切削参数，其中：

由于包围路径线直接在大槽底最高点，因此 Depth cuts（深度分层）的值为 0，Compensation（补偿方式）为 Computer（计算机内部补偿），Stepover（切削间距）的值为 75 mm，Roughing（粗加工切削角度）的值为 90°。

粗加工路径如图 6 – 27 所示。

（4）阶台小槽粗加工。小槽与大槽一样，在俯视图查询出小槽底最高点并将之作为 Z 深度。绘制如图 6 – 27 所示的大槽粗加工辅助线（位于槽正中）及小槽底部宽度计算辅助线，通过查询得该宽度为 4. 419 mm，因此采用 ϕ4 mm 刀具直接粗铣削。

采用二维轮廓（Contour）编程加工，按表 6 – 1 设置刀具和切削参数，其中：

Compensation（补偿方式）为 Off（禁止补偿），激活 Depth cuts（深度分层）后设置 Max routh step（最大切削深度步进量）的值为 2 mm，Taper angle（拔模角）不设置任何数值。

粗加工路径如图 6 – 27 所示。

全部粗加工后零件效果图如图 6 – 29 所示。

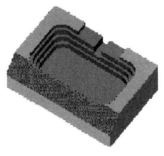

图 6 – 29　全部粗加工后零件效果图

（5）型腔半精加工。将型腔的内曲面完整地做出来（重新做中部实体再取面），采用等高曲面精加工方式进行加工，并将取出的所有面作为驱动面，无干涉面，并以型腔上边缘边界线为刀具路径包围线（Tool containment）。这样做主要是为了避免在型腔周侧加工时因为缺口而导致刀具会走出型腔而切伤其他表面。按表 6 - 1 设置刀具和切削参数，其中：

Drive surface stock to leave（驱动面余量）的值为 0.2 mm，Maximum stepdown（最大切削深度）的值为 1 mm，选择 Zigzag（双向粗加工）切削方式，其他参数默认。

型腔半精加工刀具路径如图 6 - 30 所示。

半精加工/精加工刀具路径线

单独重新抽出型腔全部曲面

图 6 - 30　型腔半精加工/精加工刀具路径

（6）型腔精加工。型腔精加工同第（5）步完全一样，区别在于 Maximum stepdown（最大切削深度）的值为 0.2 mm，型腔精加工刀具路径如图 6 - 30 所示。

（7）R 弧面精加工。同样为了避免刀具在刃口边的不完全切削，单独做出 R 弧面（将圆弧在右构图平面内用 Draft 牵引出长度超过立方体长度的曲面）作为驱动面，无干涉曲面和刀具路径包围线，采用平行（Parallel）精加工方式进行加工。按表 6 - 1 设置刀具和切削参数，其中：

Maximum stepover（最大切削间距）的值为 0.2 mm，Machining angle（加工角度）的值为 0°，采用 Zigzag（双向粗加工）切削方式，其他参数默认。

R 弧面精加工刀具路径如图 6 - 31 所示。

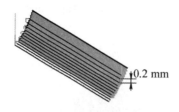

0.2 mm

图 6 - 31　R 弧面精加工刀具路径

（8）型腔底面精加工。虽然型腔底面为一平面，可以用平底立铣刀加工，但考虑到余量不大，最重要的是和四周 R 圆角很好地连接，因此采用球头刀"浅平面（Shallow）"方式加工，驱动面为型腔底面，干涉面为与底面四周相接的所有倒圆曲面，无刀具路径包围线。按表 6 - 1 设置刀具和切削参数，其中：

Maximum stepover（最大切削间距）的值为 0.2 mm，From slope angle（起始倾斜角）的值为 0°，To slope angle（终止倾斜角）的值为 4°。从曲面坡度的 0°~4°生成刀具路径。其他参数默认。

型腔底面精加工刀具路径如图 6-32 所示。

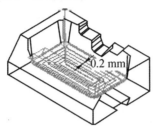

图 6-32　型腔底面精加工刀具路径

（9）型腔精铣削清根。由于型腔底部最小圆角半径为 $R3$ mm，因此需要采用 $\phi6$ mm 球头刀进行补加工，将 $\phi8$ mm 球头刀未能加工的部位进行清根（Leftover）加工，驱动面为内型腔所有面，干涉面为 R 圆弧面、立方体上表面、凹槽面，无刀具路径包围线。按表 6-1 设置刀具和切削参数，其中：

Maximum stepover（最大切削间距）的值为 0.2 mm，From slope angle（起始倾斜角）的值为 0°，To slope angle（终止倾斜角）的值为 90°，采用 Zigzag（双向粗加工）切削方式，Roughing tool diameter（上一把粗加工刀具直径）的值为 8.0 mm，Roughing tool corner radius（上一把粗加工刀具圆角半径）的值为 4.0 mm，Overlap（切削超越量）的值为 0.2 mm。

型腔精铣削清根刀具路径如图 6-33 所示。

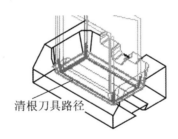

清根刀具路径

图 6-33　型腔精铣削清根刀具路径

（10）阶台槽精加工。采用曲面平行精加工，驱动面为所有凹槽曲面，无干涉面和刀具路径包围线。按表 6-1 设置刀具和切削参数，其中：

Maximum stepover（最大切削间距）的值为 0.2 mm，Machining angle（加工角度）的值为 90°，采用 Zigzag（双向粗加工）切削方式，其他参数默认。

阶台槽精加工刀具路径如图 6-34 所示。

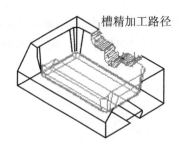

图6-34 阶台槽精加工刀具路径

4. 实体校检加工

选择 Toolpaths/Operations/Verify 命令进行模拟加工，最终的效果如图6-35所示。

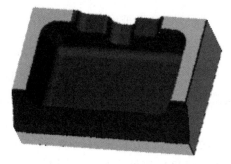

图6-35 实体校检加工效果图

5. 输出数控加工程序

选择 Post/change post，并选择"软件目录\Mill\PostsMPFAN. PST"后处理程序或自行修改好的后处理程序文件进行输出数控加工程序。

```
%
O0000
/ (型腔粗)
N100G54G90S2000M3
N102G0X - 17. 802Y7. 802
N104Z31.
N106G1Z17. 3F200M08
N108X17. 802F100
…
N1174X - 15. 382Y14. 821
N1176Y18. 031Z20. 02
N1178G0Z25. 02M09
N1180M30
%
```

6. 机床加工操作实践

（1）使用压板将工件安装在工作台上并找正压紧。

（2）对刀操作：将 G54 指令的坐标系的 Z 零点对在工作台表面上（如果主轴行程不够，将工件下用等高垫铁支起，则 Z 零点在工件下表面中心），并对出 G54 指令的 X、Y 值。

（3）按表 6 - 1 的顺序准备好刀具，并对好每把刀具的长度补偿 H1 ~ H4，H1、H2 以刀心对刀，H3、H4 以刀尖对刀。

（4）用通信电缆将机床与计算机的 RS232 接口连接。

（5）运行计算机端传输软件 Winpcin，调出传输参数与机床端设置一致，准备好机床端，调试后进行在线加工试切，正常后即可进行加工。

6.6 三维突起实体（飞机模型）类零件加工实例

在无法使用二维编程进行粗加工时，常见的三维简单零件均可直接采用三维加工方法进行加工，以达到图纸要求，如图 6 - 36 所示为某工艺品飞机模型的加工。

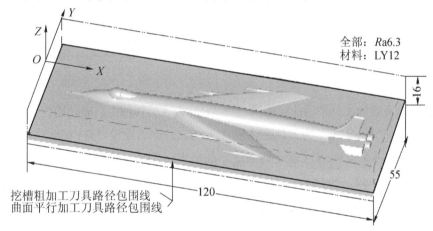

图 6 - 36 某工艺品飞机模型的加工

1. 图纸分析及图纸转换

（1）图纸分析。该零件结构较为简单，为典型的凸起实体曲面加工，工艺要求表面粗糙度一致性好（但粗糙度不一定很高，最后经过钳抛光），或者是刀纹要求一致。根据图纸得知，材料为 LY12，因此该零件可以直接采用三维实体曲面编程加工。

（2）图纸转换。在该零件的加工中仅需做出或利用原有的 120 mm × 55 mm 矩形框作为编程边界线。

2. 自动编程加工工艺分析

（1）由于零件结构简单，因此采用一次加工成型。

（2）自动编程加工方法为：整体零件的三维曲面挖槽粗加工→整体零件平行半精加

工→整体零件精加工→清根精加工。

（3）编程坐标系的确定。由于该零件可以在虎钳上装夹，因此确定零件的编程坐标系原点位于毛坯左棱边中点处，如图6-36所示。以 X 方向在虎钳左端定位，以零件宽度55 mm对称加工。

3. 刀具选用、切削参数选用及工艺卡的编制

刀具选用、切削参数选用及工艺卡的编制见表6-2。

表6-2　数控加工工艺卡片

序号	加工部位	自动编程方法	选择刀具/mm	刀具长补	切削进给量/(mm·r⁻¹)	下刀进给量/(mm·min⁻¹)	转速/(r·min⁻¹)	每层切深/mm	切削深度/mm	驱动面余量/mm
1	整体粗加工	三维挖槽	φ10r2环形铣刀	H1	200	100	2 000	3		0.25
2	整体半精加工	三维平行	φ8球头刀	H2	300	150	3 000			0.1
3	整体精加工	三维平行	φ6球头刀	H3	300	150	4 000			0.02
4	清根精加工	三维清根	φ4球头刀	H4	250	100	4 000			0.02

4. 自动编程操作及步骤

（1）整体曲面粗加工。采用曲面挖槽（Pocket）方式编程加工，驱动面为全部曲面，无干涉面，以120 mm×55 mm矩形为刀具路径包围线。按表6-2设置刀具和切削参数，其中：

Drive surface stock to leave（驱动面余量）的值为0.25 mm，Maximum stepdown（最大切削深度）的值为3 mm，Stepover［切削间距（以刀具直径百分比计算）］的值为50%，Finish pass（精加工余量）的值为0.3 mm，并将 Depth cut（深度分层）参数中的Incremental（相对高度参数）项的 Adjustment to top（距离顶面距离）的值设置为2 mm，以便在第一层就切入2 mm，其他参数默认。

整体曲面粗加工刀具路径如图6-37所示。

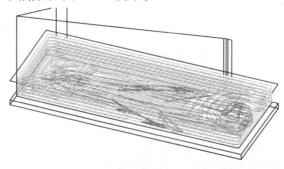

图6-37　整体曲面粗加工刀具路径

（2）整体曲面半精加工。采用曲面平行（Parallel）方式编程加工，驱动面为全部曲面，无干涉面，以 120 mm×55 mm 矩形为刀具路径包围线。按表 6－2 设置刀具和切削参数，其中：

Drive surface stock to leave（驱动面余量）的值为 0.1 mm，Maximum stepover（最大切削间距）的值为 0.8 mm，采用 Zigzag（双向粗加工）切削方式，Machining angle（加工角度）的值为 0°，其他参数默认。

整体曲面半精加工刀具路径如图 6－38 所示。

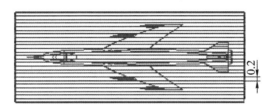

图 6－38　整体曲面半精加工刀具路径

（3）整体曲面精加工。除 Drive surface stock to leave（驱动面余量）的值为 0.02 mm，Maximum stepover（最大切削间距）的值为 0.2 mm 外，方法与第（2）步完全一致，加工路径图略。

（4）清根精加工。采用曲面清根（Leftover）方式编程加工，驱动面为全部曲面，无干涉面，以 120 mm×55 mm 矩形为刀具路径包围线。按表 6－2 设置刀具和切削参数，其中：

Maximum stepover（最大切削间距）的值为 0.1 mm，From slope angle（起始倾斜角）的值为 0°，To slope angle（终止倾斜角）的值为 90°，采用 Zigzag（双向粗加工）切削方式，Roughing tool diameter（上一把粗加工刀具直径）的值为 6.0 mm，Roughing tool corner radius（上一把粗加工刀具圆角半径）的值为 3.0 mm，Overlap（切削超越量）的值为 0.2 mm。

型腔精铣削清根刀具路径如图 6－39 所示。

图 6－39　型腔精铣削清根刀具路径

5. 实体校检加工

选择 Toolpaths/Operations/Verify 命令进行模拟加工，效果如图 6－40 所示。

6. 输出数控加工程序

选择 Post/change post，并选择"软件目录\Mill\PostsMPFAN.PST"后处理程序或自行修改好的后处理程序文件进行输出数控加工程序（略）。

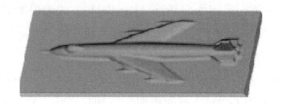

图 6 – 40　实体校检加工效果图

7. 机床加工操作实践

（1）使用虎钳将工件安装于两钳口，并以钳口左端定位。注意：钳口上部必须留出足够的加工切削深度，以防刀具切伤虎钳口。

（2）对刀操作。将 G54 坐标系的零点设定在工件毛坯上表面左棱边中心处，并将所对应的 X、Y、Z 坐标值输入至 G54 指令的编程坐标系中。

（3）按表 6 – 2 准备好的刀具顺序对好每把刀具的长度补偿 $H1 \sim H4$，$H1$ 以刀心对刀，$H2 \sim H4$ 以刀尖对刀。

（4）用通信电缆将机床与计算机的 RS232 接口连接。

（5）运行计算机端传输软件 Winpcin，调出传输参数与机床端设置一致，准备好机床端，将数控加工程序传输至机床存储器中调用加工或是调试后进行在线加工试切，正常后即可进行加工。

6.7　三维实体（模具）模型类零件加工实例

在普通模具（阴阳模、电极）的加工中，常出现一个实体零件中既有非常平缓的曲面，还有非常陡峭的曲面，且这些曲面直接相连的情况。在这种零件的加工中，必须注意采用合适的自动编程方法，否则过切和欠切、不一致性将是难以避免的。下面将对图 6 – 41 所示的零件进行编程加工。

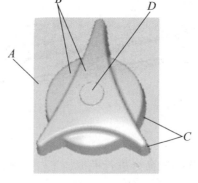

图 6 – 41　三角开关图

A—分模面；B—浅平面；C—陡斜面；D—$R0.4$ mm 圆角

1. 图纸分析

（1）曲面特点。如图 6 - 41 所示，三角开关是一个比较典型的零件，曲面的外形尺寸为 50 mm×60 mm×15.6 mm。图形的上部分曲面比较平坦，这在 Mastercam 软件中称之为浅平面，如图 6 - 41 所示的 B 处，这种曲面非常适合选择平行精加工刀路。图形的下部分曲面非常陡峭，在 Mastercam 软件中称之为陡斜面，如图 6 - 41 所示的 C 处，这种曲面适合选择等高刀路。曲面与曲面之间是 R2 mm 的圆角过渡。实体最上面 D 处的局部放大图如图6 - 42 所示，此处圆角半径为 R0.4 mm，高度是 1.15 mm。

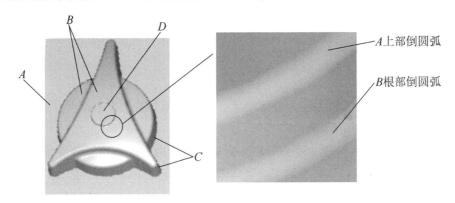

图 6 - 42　D 处局部放大

（2）加工三角开关凸模的技术要求：

① 所有表面粗糙度要求 Ra3.2；

② 工件表面无缺陷，圆角部位无残料；

③ 曲面与分模面之间要求清根。

2. 自动编程加工工艺分析

（1）材料：45#钢。这种钢具有较高的强度和较好的切削加工性，经调质以后可获得良好的综合力学性能，是塑料模中应用最广泛的钢种之一。毛坯尺寸为 70 mm×80 mm×30 mm。

（2）刀具材料。根据加工材料，选择 YT15 的硬质合金刀具。

（3）设备。加工中心，型号为 VMC800。

（4）工艺分析及刀具选择。三角开关凸模整体自动编程加工方法为粗加工→半精加工→精加工→清角加工。具体分析如下：

① 粗加工。粗加工是为了提高生产效率，迅速去除多余材料，曲面与分模面一起开粗。因此，刀具要求有足够的强度，并尽量选择一把比较大的刀具。根据工件材料、曲面外形尺寸 50 mm×60 mm×15.6 mm 及毛坯尺寸，选择直径为 φ10 mm、圆角半径为 R1 mm 的环形铣刀加工。

② 半精加工。由于粗加工刀间距和切削深度较大，残料过多，半精加工是为了去除过多的残料，使精加工余量均匀，因此半精加工刀具选择应考虑承受粗加工所留残料而不致断

刀，且不会留下过多的残料而给精加工造成困难。分模面是平面，用平刀加工较好，而曲面用球刀加工，故曲面与分模面分开做半精加工及精加工。曲面半精加工，选择直径为 $\phi6$ mm 的球刀。分模面上残料较少且余量均匀，可不必做半精加工。

③ 精加工。精加工需达到要求的尺寸精度和表面精度，同时兼顾效率，选择刀具时要考虑刀具强度及是否会留有残料或过切。曲面上有 $R2$ mm 的圆角多处，故选择直径为 $\phi3$ mm 的球刀精加工曲面，分模面精加工选用直径为 $\phi4$ mm 的平刀。

④ 清角加工。清角加工是为了去除在较小圆角或直角的地方，由于精加工刀具进不去而留下的残料，刀具选择应考虑加工效率、刀具强度及能否去除残料。$R0.4$ mm 圆角处选择圆角半径为 $R0.3$ mm、直径为 $\phi4$ mm 的环形铣刀加工，曲面与分模面清角选择直径为 $\phi4$ mm的平刀进行加工。

3. 加工难点分析

基于以上工艺分析、曲面特点及技术要求，加工三角开关凸模的难点有两个：一是浅平面与陡斜面问题，二是清角问题。

（1）浅平面与陡斜面问题。精加工要保证整个曲面的加工精度，解决浅平面与陡斜面问题，且精加工用时最长。在解决加工质量问题的同时还要兼顾效率。因此，合理选择精加工方法至关重要。

Mastercam 软件提供了 10 种曲面精加工方法，针对这一问题，编制刀具路径时大多采用以下几种方法：

① 平行铣削 + 陡斜面加工。平行铣削加工采用 X、Y 方向的最大切削间距来控制刀具路径的细密程度。由于陡斜面的坡度很陡，同样的切削间距，在陡斜面上形成的刀痕要比在平面或平坦的曲面上大得多，会使陡斜面的加工质量较差，因此，需在平行铣削加工之后添加陡斜面加工刀路。如果陡斜面刀路的切削方式选择双向切削，则在刀具沿 Z 轴上升时由于刀具受力不均，导致加工质量下降；若选择单向切削，则刀具路径中提刀路径过多，严重影响加工效率。

② 等高外形 + 浅平面加工。等高外形加工是用最大 Z 轴进给量控制刀具路径的疏密程度。在比较平坦的表面上，Z 轴下降相同的距离要比陡峭表面时的刀具路径行间距大得多，无法保证浅平面的表面质量，因此在编制刀路时大多在等高外形加工之后添加浅平面加工刀路。由于曲面上浅平面区域不连续，使加工顺序不理想，影响加工质量，且浅平面刀路中有很多提刀路径，故此方法加工效率较低。

③ 环绕等距加工。环绕等距加工是生成一组环绕工件曲面的刀具路径，路径计算时间长，生成的数控程序文件大。对于形状不规则的曲面，在路径转向地方的路径间距大于其他位置的路径间距，会在工件表面形成刀具路径转折的刀痕，影响加工质量。

以上 3 种加工方法均使工件局部表面达不到加工质量的要求。根据曲面特点及 Mastercam 软件精加工刀路的特点，可采取分区域加工，即将浅平面与陡斜面分开加工，平坦的表面选择平行刀路加工，陡峭的表面选择等高刀路加工。三角开关曲面的上部分平坦、下部分陡峭，可用切削深度确定平行铣削与等高外形的加工区域。这种加工方法与前面所述 3 种方法比较，在加工参数选择相同时，加工质量最好，加工效率也有所提高。

（2）清角问题。对于 $R0.4$ mm 的圆角，可使用平底立铣刀或圆角半径略小于 0.4 mm 的环形铣刀加工，常选择以下几种加工方法：

① 使用交线清角加工。刀具选择 $R0.4$ mm 的环形铣刀。由于交线清角只能沿曲面交线的地方走一刀，若精加工所用刀具半径大于 0.4 mm，则会在两把刀都加工不到的区域留下残料。

② 使用放射状加工。设置起始补偿距离为 4.4 mm，设定切削范围，只加工残料区域。此方法能够达到加工质量的要求，但加工路径往返较多。

③ 使用环绕等距加工。可设定切削范围，使用圆角半径为 $R0.3$ mm 的环形铣刀加工，可去除全部残料，路径连续，提刀少，能够达到表面质量要求且效率高。

通过以上分析，加工 $R0.4$ mm 圆角选择环绕等距刀路更为合理。

球刀精加工之后会在曲面与分模面相交的部位留下圆角，应使用平刀清角。由于曲面上有 5° 的拔模角度，与上面所述情况相同，所以选用环绕等距或等高外形刀路，用切削深度限定加工区域，仅加工有残料的地方。此处残料高度为精加工所用刀具刀尖圆弧半径，故切削深度范围略大于此半径值即可。

4. 刀具选用、切削参数选用及工艺卡的编制

基于以上分析，比较几种加工方法，提出以下加工方案，其刀具选用、切削参数选用及工艺卡的编制见表6-3。

表6-3　数控加工工艺卡片

序号	加工部位	自动编程方法	选择刀具/mm	切削间距/mm	切削进给量/(mm·r^{-1})	下刀进给量/(mm·min^{-1})	转速/(r·min^{-1})	每层切深/mm	切削深度/mm	加工余量/mm
1	整体开粗	曲面挖槽粗加工	$\phi10r1$ 环形铣刀	4	30	20	2 000	0.6	15.6	0.3
2	半精加工曲面	曲面等高精加工	$\phi6$ 球头刀	0.3	20	10	2 000		至面	0.2
3	去除前一刀局部余量	曲面残料半精加工	$\phi3$ 球头刀	0.3	12	6	2 500		至面	0.2
4	精加工平缓曲面	曲面平行精加工	$\phi3$ 球头刀	0.1	12	6	2 500		至面	0.02
5	精加工陡峭曲面	曲面等高精加工	$\phi3$ 球头刀	0.1	12	6	2 500		至面	0.02
6	精加工曲面交线	曲面清根精加工	$\phi4$ 球头刀	0.1	30	15	2 000		至面	0.02
7	精加工 $R0.4$ mm 圆角	曲面环绕等距精加工	$\phi4r0.3$ 环形铣刀	0.1	30	15	2 000		至面	0.02

续表

序号	加工部位	自动编程方法	选择刀具/mm	切削间距/mm	切削进给量/(mm·r⁻¹)	下刀进给量/(mm·min⁻¹)	转速/(r·min⁻¹)	每层切深/mm	切削深度/mm	加工余量/mm
8	精加工曲面与分模面间残料	曲面等高精加工	φ4 立铣刀	0.1	30	15	2 000		至面	0.02
9	精加工分模面	二维挖槽	φ4 立铣刀	2.8	30	15	2 000		至面	0.02

5. 凸模的特点及小结

根据三角开关凸模的特点及加工难点，对其走刀路径进行分析对比，提出最佳加工方案。使用以上方法加工，整个零件的表面粗糙度均可达到 $Ra3.2$，在加工参数设置完全相同的情况下，加工效率略有提高。由于走刀路径合理，因此还可提高进给率，在保证加工质量的前提下，进一步提高了加工效率。

6. 自动编程操作及步骤

读者可根据以上分析、编程加工方法及切削参数自行编制整个加工过程，为节省篇幅，此处不再详述。

6.8 三维综合（飞机机翼短梁）类零件加工实例

在实体曲面零件的加工中，最复杂的为各种加工型面、各个方向的组合，尤其是当该零件 5~6 个面均需要加工的情况，此时就必须合理安排加工顺序、加工部位、加工面，并合理选用刀具。

图 6-43 所示为国产某型号飞机机翼下某重要旋转部件，对曲面形状位置性的要求较高，由于要经过钳工研修，因此整体表面粗糙度要求达到 $Ra3.2$，材料为进口铸铝。图纸直接为厂家提供的数学模型，属于无图纸加工。

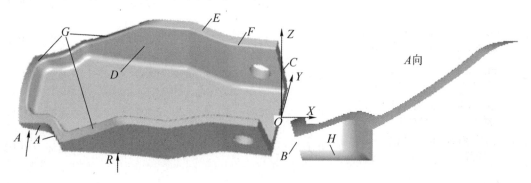

图 6-43 飞机机翼短梁类零件加工实例

6.8.1　图纸分析及图纸转换

分析该零件为薄壁零件。

（1）该零件毛坯为六方体，宽度和厚度方向分别有 2 mm 余量；长度方向共有 50 mm 余量，用于装夹部分。

（2）外周边为拔模曲面，且除最右端 C 处为直角边外，其余各处拔模斜度均不一致，因此该零件必须底朝上加工全部周边。

（3）图 6 - 43 所示 B 处为一斜度平面，不在三维加工中进行，在普通铣床上扳转主轴头铣削斜面即可。

（4）图 6 - 43 所示 A 处由于区域小，并带有 H 处的变倒圆，表面要求光滑，因此在此处豁口处应将工件分别侧立，每侧进行一次加工。

（5）整体中部为拔模型腔，可以按图示方向直接进行加工。

（6）需进行的图纸转换。采用 Creat/curve/one edge（抽取单一边界线）方式提取孔边边界线，查询孔的中心位置，用于钻孔。

6.8.2　自动编程加工工艺分析

（1）确定工艺路线，编制零件加工工序卡，见表 6 - 4。

表 6 - 4　数控加工工序卡

企业名称	数控加工	产品名称代号	零件名称	零件代号（图号）	零件材料及热处理
×××××学院	工序卡片	××	短梁	0081	进口铸铝

工步号	工位	工步内容		工时	备注
0	普通铣削	精加工三互相垂直面，垂直度误差≤0.02 mm			
5	数控铣削	侧立装夹钻铰回转孔			虎钳
		侧立两次装夹加工全部侧曲面			虎钳
		正面装夹加工整体型腔内全部曲面及上表面全部曲面			压板
10	普通铣削	将两端装夹工艺段部分铣削去			压板
		铣削小端大斜面			
编制		审核	批准	年　月　日	共　页　第　页

（2）编程坐标系的确定。由于底面和右端面不需加工，因此确定工件坐标系即编程坐标系原点位于图 6 - 43 所示 O 点。

（3）刀具选用、切削参数选用见表 6 - 5。

表 6-5　数控加工工艺卡片

序号	加工部位	自动编程方法	选择刀具/mm	切削间距/mm	切削进给量/(mm·r⁻¹)	下刀进给量/(mm·min⁻¹)	转速/(r·min⁻¹)	每层切深/mm	切削深度/mm	加工余量/mm
1	侧面中心孔	G81	φ3 中心钻		50	50	1 200		15	
2	侧面钻孔	G83	φ10 钻头		50	50	1 000	4	18	
3	侧面扩孔	G83	φ11.8 钻头		50	50	1 000	4	18	
4	侧面铰孔	G86	φ12 铰刀		12	12	120		15	
5	侧全部曲面	平行粗加工	φ18r2 环形刀	6	200	100	1 600	2		0.2
6	侧全部曲面	平行精加工	φ8 球头刀	0.2	300	150	3 000			0.02
7	型腔顶平面	二维轮廓	φ20 立铣刀		100	50	1 500			0.02
8	型腔全部	挖槽粗加工	φ18r2 环形刀	9	200	100	1 600	3		0.3
9	型腔全部	等高精加工	φ12r2 环形刀	0.2	300	100	3 000			0.02
10	型腔底面	浅平面精加工	φ12r2 环形刀	0.2	300	100	3 000			0.02
11	上部分曲面	平行精加工	φ8 球头刀	0.2	300	150	3 000			0.02

（4）加工顺序为：钻铰两侧面回转孔→全部侧曲面（平行粗加工→平行精加工）→型腔加工（上部分平面二维轮廓→型腔曲面挖槽粗加工→型腔等高精加工→型腔底面浅平面精加工→上部分曲面平行精加工）。

6.8.3　侧立装夹钻铰回转孔

在侧面钻孔的加工中，由于直接得到的是数学模型，没有孔的加工位置，因此必须利用 Mastercam 软件进行辅助分析，找出孔加工的位置，方可进行编程加工。

自动编程操作及步骤：

（1）使用 Creat/curve/one edge（抽取单一边界线）命令提取出实体孔的边缘曲线。由于该曲线是一个三维空间曲线，无法使用 Aanalyze（分析功能）直接查询孔中心，因此在 *XOY* 平面内做一任意平面，通过 Curve/project（曲线投影）命令将该三维空间曲线投影到这一平面，便得到一个在平面上的二维圆，如图 6-44 所示。此时再通过查询得到该圆的中心坐标为：$X-12.0$，$Y-19.0$。

（2）使用 Toolpaths/drill 命令编制钻孔循环加工刀具路径，分别为中心孔→钻孔→扩孔→铰孔。其中孔加工深度为超过内型腔即可，此处值为 15 mm，如图 6-45 所示。由于孔系零件编程在第 4 章已经详细叙述，故这里的孔编程刀具路径制作过程不再赘述。

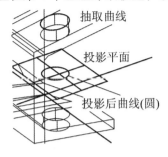

图 6 - 44　抽取曲线投影至平面

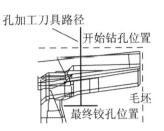

图 6 - 45　编制钻孔循环加工刀具路径

6.8.4　侧立两次装夹加工全部侧曲面

由于在两侧面均带有不同的拔模斜度，因此在侧面装夹时就可以将这些在俯视图中的陡峭曲面转化为平缓曲面，以便于加工，而且这些陡峭曲面在俯视图中是倒锥，也无法加工。这样加工的优点是整体侧曲面一致性好，表面粗糙度值低，加工效率高，编程方法简单。

1. 平行粗加工

选择 Toolpaths/surfacerough/parallel（曲面平行粗加工）命令，设驱动面为单侧所有上表面，干涉面为这些面的相邻曲面，无刀具路径包围线，如图 6 - 46 所示。

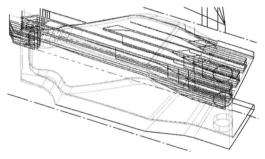

图 6 - 46　单侧平行粗加工刀具路径

刀具和切削参数按表 6 - 5 设置。其中，Feed plane（进给平面）的值为 40.0 mm，Retract（退刀高度）的值为 5.0 mm，Stock to leave（加工余量）的值为 0.2 mm。平行粗加工参数如图 6 - 47 所示，采用 Zigzag（双向粗加工）切削方式，其他参数默认。

图 6 - 47　平行粗加工参数

2. 平行精加工

选取 Toolpaths/surfacefinish/parallel（曲面平行精加工）命令，除 Maximum stepover（最大切削间距）的值为 0.2 mm 外，方法与第 1 步的参数完全一致。精加工刀具路径图如图 6 - 48（a）所示，零件模拟加工后的效果如图 6 - 48（b）所示。

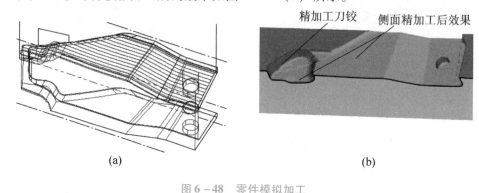

精加工刀铰　侧面精加工后效果

(a)　　　　　　　　　　　　　(b)

图 6 - 48　零件模拟加工

（a）精加工刀具路径；（b）加工效果

3. 另一侧面的编程加工

将该文件存盘后以侧视图为当前视图旋转 180°，重复第 1、2 步完成另一侧面的编程加工。

6.8.5　正面装夹加工整体型腔内全部曲面及上表面全部曲面

1. 零件上部分最高处平面加工

由于该零件精加工完后零件厚度为 40 mm，因此可直接在零件表面做一条简单直线。使用 Toolpaths/contour（二维轮廓铣削）命令，使外形铣削在无刀具补偿的情况下于指定高度直接拉一刀（由于材料为铝件，且余量只有 1 mm，因此将切削速度和主轴转速提高，即可达到所要求的表面粗糙度），刀具路径及辅助线如图 6 - 49 所示。

顶平面二维刀具路径辅助线

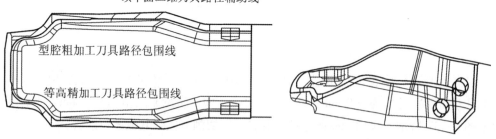

型腔粗加工刀具路径包围线

等高精加工刀具路径包围线

图 6 - 49　刀具路径及辅助线

2. 型腔曲面挖槽粗加工

去除零件整体上表面多余的材料及型腔内部的材料。给精加工留最小余量为 0.3 mm。由于两侧外的多余材料在两侧面装夹时已加工完成，因此，型腔粗加工必须被限制在需要加工的包围线内，该包围线为三维空间曲线，通过从实体上抽取边界线的方式取出。驱动面为整个实体，挖槽粗加工，无干涉面，刀具路径包围线如图 6 – 49 所示。按表 6 – 5 设置刀具和切削参数，其中，Drive surface stock to leave（驱动面余量）的值为 0.3 mm，挖槽粗加工参数如图 6 – 50 所示标识部分，刀具路径如图 6 – 51 所示。

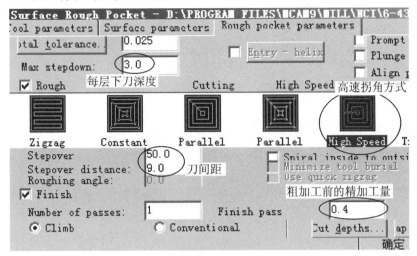

图 6 – 50　挖槽粗加工参数

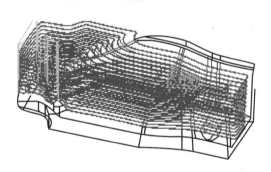

图 6 – 51　挖槽粗加工刀具路径

3. 型腔等高精加工

去除零件整体上表面经粗加工后的残余材料。由于材料较软，故可以一次直接进行精加工而不需要进行半精加工。精加工后留余量 0.02 mm 作为钳修量。由于只对型腔内部进行精加工，因此零件上曲面部分必须被保护，即作为干涉曲面。等高精加工驱动面为整个实体表面，干涉面为与内型腔相邻的所有上部分曲面，刀具路径包围线为内型腔与上曲面交线，最后的驱动面（见图 6 – 52）就为全部实体曲面减去干涉面。

按表 6 – 5 设置刀具和切削参数，其中，Drive surface stock to leave（驱动面余量）的值为 0.02 mm，型腔等高精加工参数如图 6 – 53 所示标识部分，刀具路径如图 6 – 54 所示。

4. 型腔底面浅平面精加工

去除零件底面粗加工后留下的残余材料，一次直接进行精加工而不需要进行半精加工，精加工后留余量 0.02 mm 作为钳修量。为使曲面相接完整，驱动面为底面及与底面相邻的所有底面圆角，干涉面为内型腔侧面，如图 6 – 55 所示。

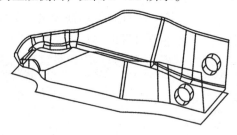

图 6 – 52　型腔等高精加工驱动面及包围线

图 6 – 53　型腔等高精加工参数

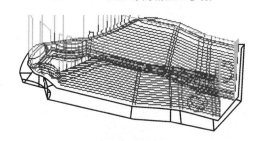

图 6 – 54　型腔等高精加工刀具路径

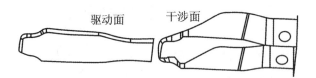

图 6 – 55　型腔底面浅平面精加工的驱动面和干涉面

按表 6 – 5 设置刀具和切削参数，其中，Drive surface stock to leave（驱动面余量）的值为 0.02 mm，型腔底面浅平面精加工参数如图 6 – 56 所示标识部分，刀具路径如图 6 – 57 所示。

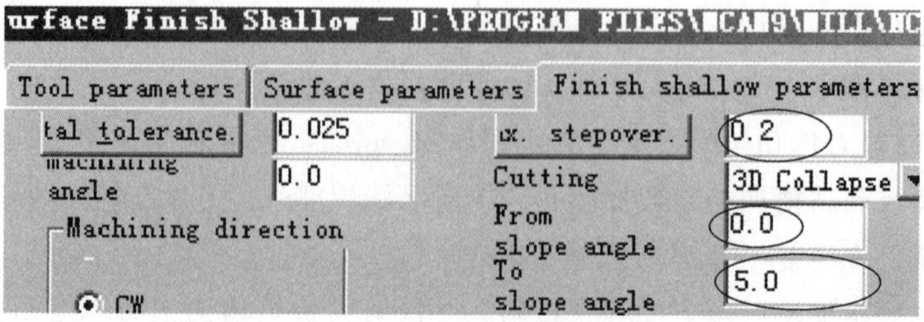

图 6 – 56　型腔底面浅平面精加工参数

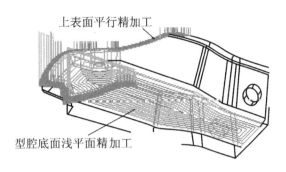

上表面平行精加工

型腔底面浅平面精加工

图 6 - 57　型腔底面浅平面精加工和上部分曲面精加工刀具路径

5. 上部分曲面精加工

去除零件上部分曲面由于挖槽粗加工后的残余材料，采用平行精加工一次加工完成。驱动面为如图 6 - 57 所示上表面平行精加工覆盖的表面，干涉面为其余所有面，无刀具路径包围线。刀具和切削参数按表 6 - 5 设置，其中，Maximum stepover（最大切削间距）的值为 0.2 mm，采用 Zigzag（双向粗加工）切削方式，Machining angle（加工角度）的值为 0°，刀具路径如图 6 - 57 所示。

6. 实体校检加工

选择 Toolpaths/Operations/Verify 命令，进行模拟加工，效果如图 6 - 58 所示，其余两端部分和大斜面将由普通铣削完成。

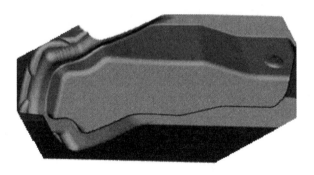

图 6 - 58　实体校检加工效果图

7. 输出数控加工程序

选择 Post/change post，并选择"软件目录\Mill\PostsMPFAN. PST"后处理程序或者自行修改好的后处理程序文件进行输出数控加工程序（略）。

8. 机床加工操作实践

（1）按表 6 - 4 工序步骤 5 进行逐面加工。

（2）在每个面加工准备好后，用通信电缆将机床与计算机的 RS232 接口连接。

（3）运行计算机端传输软件 Winpcin，调试后进行加工，这里不再赘述。

模拟自测题（六）

三维实体零件自动编程与实践操作综合题：加工如图 6-59 和图 6-60 所示的零件。

要求：

（1）图纸分析。

（2）零件加工工艺分析。

（3）刀具和切削参数分析。

（4）自动编程步骤和方法。

（5）机床实践加工操作。

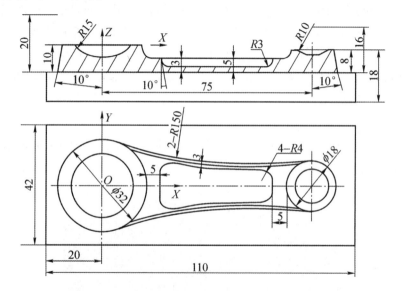

图 6-59　连杆阳模加工图

图 6-60　异形块印模加工图

第7章

数控车削自动编程实训及实例应用

 学习目标

　　了解和掌握使用 Mastercam 软件进行数控车削的自动编程加工方法和技巧，包括数控车削 CAM 的加工工艺分析和编制。掌握普通阶梯轴、孔类零件的数控车削自动编程加工方法，调头加工、调头配车削类零件数控车削的编程方法以及配合件的自动编程加工步骤和技巧。

 内容提要

- 数控车削零件加工工艺、工步分析及图纸转换。
- 粗、精车削加工的概念、区别及适用场合。
- 数控车削自动编程中的加工毛坯设置。
- 数控车削自动编程中的刀具刀尖半径设置。
- 普通阶梯轴、孔类零件数控车削自动编程加工实例。
- 内凹型轴、孔类零件数控车削自动编程加工实例。
- 调头配车削类零件数控车削自动编程加工实例。

7.1 数控车削零件加工工艺、工步分析及图纸转换

7.1.1 数控车削零件加工工艺分析

在进行数控车削零件的自动编程加工前，必须先了解和掌握数控车削零件的加工工艺及工步分析，没有合理和正确的加工工艺，数控车削编程加工后的零件尺寸精度和形位公差就难以保证，甚至会造成其后续工序无法进行或与后续的工步产生矛盾，无法继续加工。这主要是因为不合理的工艺将造成零件的局部变形、下道工序无法装夹、工步之间产生矛盾等情况而无法加工。

1. 数控车削加工工艺工序的划分

对于需要多台不同的数控机床、多道工序才能完成加工的零件，工序划分自然以机床为单位来进行。而对于需要很少的数控机床就能加工完零件全部内容的情况，数控加工工序的划分一般可按下列方法进行：

（1）以一次安装所进行的加工作为一道工序。将位置精度要求较高的表面安排在一次安装下完成，以免多次安装所产生的安装误差影响位置精度。

（2）以一个完整的数控程序连续加工的内容为一道工序。有些零件虽然能在一次安装中加工出很多待加工面，但考虑到程序太长，会受到某些限制，如控制系统的限制（主要是内存容量）、机床连续工作时间的限制（如一道工序在一个工作班内不能结束）等。此外，程序太长会增加出错率，造成查错与检索困难，因此程序不能太长。这时可以以一个独立、完整的数控程序连续加工的内容为一道工序，而在本工序内用多少把刀具、加工多少内容，主要根据控制系统的限制、机床连续工作时间的限制等因素考虑。

（3）以工件上的相似结构部分组合用一把刀具加工，以尽量减少工序。有些零件结构较复杂，既有回转表面，也有非回转表面；既有外圆、平面，也有内腔、曲面。对于加工内容较多的零件，按零件结构特点将加工内容组合分成若干部分，每一部分用一把典型刀具加工。这时可以将组合在一起的所有部位作为一道工序。然后将另外组合在一起的部位换另外一把刀具加工，作为新的一道工序。这样可以减少换刀次数，减少空程时间。

（4）以粗、精加工划分工序。对于容易发生加工变形的零件，通常粗加工后需要进行矫形。这时粗加工和精加工作为两道工序，可以采用不同的刀具或不同的数控车床进行加工。对毛坯余量较大和加工精度要求较高的零件，应将粗车和精车分开，划分成两道或更多的工序。将粗车安排在精度较低、功率较大的数控车床上进行，将精车安排在精度较高的数控车床上进行。

下面以车削如图 7 – 1（a）所示手柄零件为例，说明工序的划分。

该零件加工所用坯料为 ϕ32 棒料，批量生产，加工时用一台数控车床。工序划分如下：

第一道工序［按图 7 – 1（b）所示将一批工件全部车削出，包括切断］，装夹棒料外圆柱面，工序内容有：先车削出 ϕ12 mm 和 ϕ20 mm 两圆柱面及圆锥面（粗车掉 R42 mm 圆弧的部分余量），转刀后按总长要求留下加工余量切断。

第二道工序［见图 7 - 1（c）］，用 ϕ12 mm 外圆和 ϕ20 mm 端面装夹，工序内容有：先车削包络 SR7 球面的 30°圆锥面，然后对全部圆弧表面半精车（留少量的精车余量），最后换精车刀将全部圆弧表面一刀精车成形。

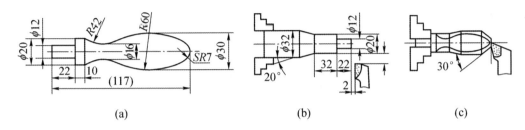

图 7 - 1　工序的划分

（a）手柄零件；（b）粗车；（c）精车

综上所述，在数控加工划分工序时，一定要视零件的结构与工艺性、零件的批量、机床的功能、零件数控加工内容的多少、程序的大小、安装次数及本单位生产组织状况灵活掌握。判断零件宜采用工序集中的原则，还是采用工序分散的原则，也要根据实际情况来确定，但一定要力求合理。

2. 制定零件数控车削加工工序顺序的原则

（1）先加工定位面，即上道工序的加工能为后面的工序提供精基准和合适的夹紧表面。制定零件的整个工艺路线就是从最后一道工序开始往前推，按照前工序为后工序提供基准的原则大致安排的。

（2）先加工平面，后加工孔；先加工简单的几何形状，再加工复杂的几何形状。

（3）对精度要求高、粗精加工需分开进行的部分，先粗加工，后精加工。

（4）以相同定位、夹紧方式安装的工序，最好接连进行，以减少重复定位次数和夹紧次数。

（5）中间穿插有通用机床加工工序的要综合考虑，合理安排其加工顺序。

上述工序顺序安排的一般原则不仅适用于数控车削加工工序顺序的安排，也适用于其他类型的数控加工工序顺序的安排。

7.1.2　数控车削零件加工工步分析

数控车削零件工步分析的合理与否直接决定了在一个工艺工序的零件加工中，工件的表面粗糙度、零件变形、加工路线、换刀次数等。

工步顺序安排的一般原则：

1. 先粗后精

对粗、精加工在一道工序内进行的，先对各表面进行粗加工，全部粗加工结束后再进行半精加工和精加工，逐步提高加工精度。此工步顺序安排的原则为：粗车在较短的时间内将工件各表面上的大部分加工余量（如图 7 - 2 所示中的双点画线内所示部分）切掉，一方面提高金属切除率，另一方面满足精车的余量均匀性要求。若粗车后所留余量的均匀性满足不了精加工的要求时，则要安排半精车，以此为精车做准备。此原则实质上是在一个工序内分阶段加工，这样有利于保证零件的加工精度，适用于精度要求高的场合，但可能增加换刀的次数和加工路线的长度。

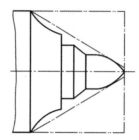

图 7-2　先粗后精的工序安排

2. 先近后远

这里所说的远与近，是按加工部位相对于对刀点（起刀点）的距离远近而言的。在一般情况下，离对刀点远的部位后加工，以便缩短刀具移动距离，减少空行程时间。

例如，当加工如图 7-3 所示零件时，如果按 $\phi38$ mm→$\phi36$ mm→$\phi34$ mm 的次序安排车削，会增加刀具返回对刀点所需的空行程时间，还可能使台阶的外直角处产生毛刺（飞边）。对这类直径相差不大的台阶轴，当第一刀的背吃刀量（图中最大背吃刀量可为 31 mm左右）未超限时，宜按 $\phi34$ mm→$\phi36$ mm→$\phi38$ mm 的次序先近后远地安排车削。

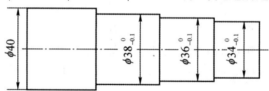

图 7-3　先近后远的工序安排

3. 内外交叉

对既有内表面（内型腔），又有外表面需加工的回转体零件，安排加工顺序时，应先进行外、内表面的粗加工，后进行外、内表面的精加工。切不可将零件上一部分表面（外表面或内表面）加工完毕后，再加工其他表面（内表面或外表面）。

4. 保证工件加工刚度原则

在一道工序中进行的多工步加工中，应先安排对工件刚性破坏较小的工步，后安排对工件刚性破坏较大的工步，以保证工件加工时的刚度要求。即一般先加工离装夹部位较远的在后续工步中不受力或受力小的部位，本身刚性差又在后续工步中受力的部位一定要后加工。

5. 同一把刀具能加工的内容连续加工原则

此原则的含义是把同一把刀具能加工的内容连续加工出来，以减少换刀次数，缩短刀具移动距离。特别是精加工同一表面时，一定要连续切削。该原则与先粗后精原则有时相矛盾，如何选用以能否满足加工精度要求为准。

7.1.3　数控车削零件自动编程加工的准备：图纸转换

1. 自动编程加工图形绘制的注意事项

在 Mastercam 软件中，数控车削的自动编程所需的图形处理与数控铣削完全不一致。在数控铣削的自动编程中，一般需要按零件图纸绘制或进行三维实体（曲面）造型，并且需要绘制很多的加工辅助线或辅助曲面，即自动编程的数学模型比零件图纸复杂。而在数控车削的自动编程图纸处理时，由于车床加工的零件一般都是轴、盘（旋转）类零件，在半剖视图中是关于 Z 轴对称的，所以只要绘制零件图纸的一半即可，其编程数学模型较为简单。零件编程图按如下要求绘制：

（1）按 Z 轴对称的零件，只绘制零件图纸的一半，其投影阶台线不做出。

（2）对于沟槽部位，如果是矩形、等腰梯形、不等腰梯形等退刀槽，可以不做出实际图纸，但异形槽必须按图纸要求画出，而且为避免串联分支，应分层做出异形槽图线。

（3）螺纹加工部位一律不需要绘制真实螺纹，只需要绘制出外螺纹的大径或内螺纹的小径即可。

（4）对于特殊部位，应适当转换零件图纸和加工图，并做出必要的加工辅助线，即零件图并不等同加工图，如图 7–4 所示零件图应做如图 7–5 所示的加工图。

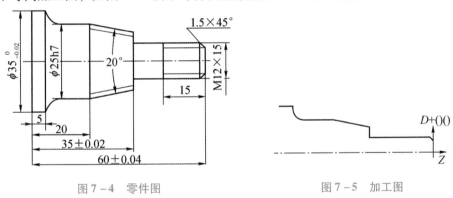

图 7–4　零件图　　　　　　　　　　图 7–5　加工图

（5）对于需要调头加工的零件图形的绘制，应分别将两端按各自的坐标系在两个图层中绘制并编程加工。如图 7–6 所示的待加工零件，需分别按图 7–7（a）和图 7–7（b）在两个图层中做出，并分别编程。

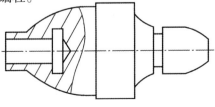

图 7–6　待加工零件

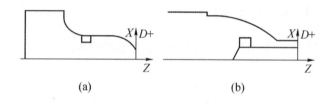

图 7 - 7　两端加工

（a）右端加工在一层；（b）左端加工在一层

2. 数控车削自动编程加工中特殊图形的绘制

在数控车削编程中，最复杂的曲线加工就是参数方程式曲线的车削，对于不同数控系统，其加工解决方案有所不同。在 FANUC 系统中可以采用宏程序，在 SIEMENS 系统中可以使用 R 参数，或者采用计算机编程进行加工。但宏程序和 R 参数方法比较复杂，且有诸多限制，如节点不能分得过小，在 SIEMENS 中若节点增量小于 0.2 mm 就无法加工。用计算机编程非常灵活，最小节点精度可以达到机床脉冲当量，但其缺点是程序较长，有时达近千行，因此直接采用计算机编程进行完成（需机床和计算机之间通信支持），效率会非常高。

对于参数方程式曲线在 Mastercam 软件中的绘制，参见《CAD/CAM 软件应用》第 2.8 节参数方程式曲线的构建，但在绘制过程中必须注意数控车削的 CAM 绘制与数控铣削的 CAM 绘制的区别：虽然数控车削编程中指定的是 X（$D+$）轴和 Z 轴，但在绘制特殊曲线时，仍然是将 X 即 $D+$ 轴作为 Y 轴来定义，Z 轴作为 X 轴来定义的。如图 7 - 8 所示为数控车削曲线加工，其特殊参数曲线的绘制方法如图 7 - 9 所示。

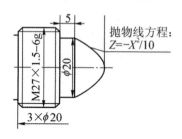

图 7 - 8　数控车削曲线加工

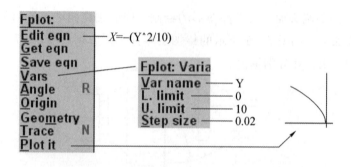

图 7 - 9　特殊参数曲线的绘制方法

7.2　粗、精车削加工的概念、区别及适用场合

数控车削自动编程加工中的粗车是指从原始棒料毛坯中去除大量的多余材料，而最终给半精车或者精车留有一定待加工余量的过程。

精车是指直接在粗车工步之后的去除少量残余材料而达到图纸尺寸、位置精度的切削过程。

数控车削的粗、精加工自动编程和数控铣削完全不同。在数控铣削中，普通的二维轮廓或者是挖槽加工均可以作为粗、精加工来使用，这主要是由加工余量确定的。但在数控车削中，一部分的粗、精加工的自动编程方法完全不同，且不能通用，即粗加工的编程方法不能用于精加工编程，反之一样，如普通粗加工（Rough）、普通精加工（Finish）等。而还有一部分编程方法是将粗、精加工结合在一起使用，这种编程方法中可以自己定义只进行粗加工或者只进行精加工或者是粗、精一起加工，如切槽、螺纹加工等。

在使用 Mastercam 软件进行数控车削时，由于系统提供了多种粗、精车方式，因此必须先掌握各方法的区别及适用范围，才能灵活使用。

如图 7 - 10 所示，其中：

第 1 组：提供了快速进行外圆、内孔、沟槽的粗、精车。但在该组中只能加工外圆限制为从右到左直径逐渐增大，内孔限制为从右到左直径逐渐减小的情况，且沟槽限制为矩形槽。如图 7 - 11 所示为允许加工情况，如图 7 - 12 所示为不允许加工情况。注：编制程序后置处理输出为 G01/G02/G03 指令的加工代码。

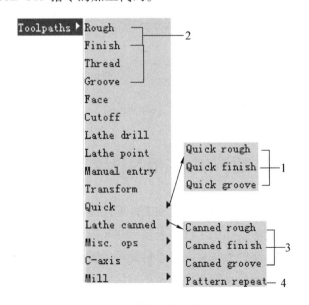

图 7 - 10　数控车削自动编程方法

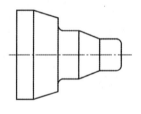

图 7-11 普通粗、精车

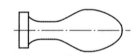

图 7-12 内凹式普通粗、精车

第 2 组：提供了进行外圆、内孔、沟槽的普通粗、精车。在该组中所加工的外圆形状、内孔形状和沟槽形状没有限制，如图 7-11 与图 7-12 所示均为允许加工情况。注：编制程序后置处理输出为 G01/G02/G03 指令的加工代码。

第 3 组：提供了进行外圆、内孔、沟槽的粗、精车循环编程。在该组中所加工的外圆形状和内孔形状与第一组有一样的限制。注：编制程序后置处理输出为 G71/G70/G74 指令的循环加工代码。

第 4 组：提供了进行外圆、内孔的粗车仿形加工编程。在该组中所加工的外圆形状和内孔形状没有任何限制，完全按照形状的等距偏移来生成刀具路径，如图 7-13 所示。注：根据是否激活在参数设置中的 PERMANENTLY change to longhand（强制改变为长指令代码）选项，而决定程序后置处理输出的加工代码为 G73 或者 G01/G02/G03（长代码）。这一组只提供仿形粗加工，仿形精加工仍然采用第 3 组中的"Canned finish"（精加工循环）方法，从而形成 G73、G70 的仿形粗、精加工循环程序。

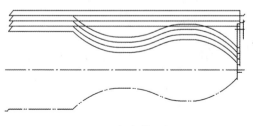

图 7-13 粗车仿形加工

7.3 数控车削自动编程中的加工毛坯设置

数控车削自动编程与数控铣削自动编程在工件毛坯的设置上也有很大的区别，在数控车削自动编程前，必须先设置好要加工工件的毛坯尺寸和形状，因为这一步工作的正确与否将直接影响其后所编制的刀具路径，并且直接影响最后后置处理输出的加工程序代码的指令和数值。这是由于在数控车削的自动编程中，毛坯的尺寸直接决定了车削残余材料的多少。

定义毛坯边界是确定关于毛坯部分的位置。当定义时，毛坯在图形区显示成灰色虚线，若编制加工操作路径，重新定义或修改毛坯尺寸，则在修改之前的所有加工路径将全部失效，必须重新生成刀具路径。这是因为数控车削的所有刀具路径，特别是粗车刀具路径是完全按照所设定的毛坯尺寸进行加工的，因此，在编制一个数控车削程序之前的毛坯设置是非常重要和必需的。

定义毛坯边界的操作步骤：

（1）在主菜单中依次选择 Toolpaths/Job Setup（刀具路径/工作设置）命令。打开定义数控车削毛坯对话框，如图 7 - 14 所示。

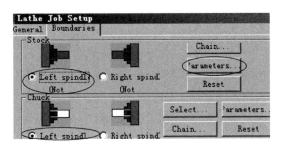

图 7 - 14　数控车削装夹设置

（2）在确定机床为左装夹工件后，选择 Parameters（参数）项，系统显示如图 7 - 15 所示对话框。

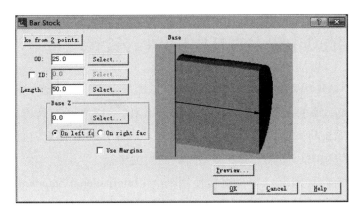

图 7 - 15　数控车削工件毛坯设置

在该对话框中设置如下参数：

Make from 2 points：通过两点定义毛坯的直径和长度。

OD：毛坯外圆直径值。

ID：毛坯内孔直径值。

Length：毛坯长度值。

Base Z：毛坯左装夹卡盘中心坐标值（毛坯左端面中心位置处）。

On left face：毛坯左装夹。

On right face：毛坯右装夹。

在以上各数值未知的情况下，均可以用 Select（选择）的鼠标捕捉功能自动捕捉测试。

如果毛坯为管状零件，选择 ID 有效后输入中空管直径。该参数主要用于做镗孔前的毛坯定义，当然也可以用实心材料通过钻扩刀具路径达到要求。

毛坯定义完成后可以用 Preview（预览）命令查看其效果，确认后单击 OK 按钮即可。

通过对图 7-4 所示零件的参数 OD = 38、Length = 100、Base Z = -98 进行设置后，该零件加工毛坯如图 7-16 所示。

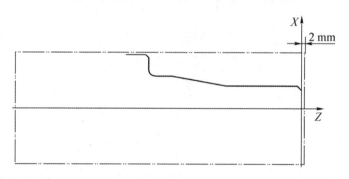

图 7-16　零件加工毛坯设置

7.4　数控车削自动编程中的刀具刀尖半径设置

在数控车削的 CAM 编程中，根据补偿方式，刀具刀尖半径的设置直接决定了刀具路径的正确与否，因此必须掌握刀具刀尖半径的设置，如图 7-17 所示。对刀具参数中的某一刀具单击鼠标右键，系统将弹出刀头修改参数，其中 Corner Radius 指定刀具的刀尖圆角半径。在实践生产的自动编程中，该值为真实使用刀具的刀尖半径。

在实际使用中有两种情况：一是直接使用 ISO（International Standards Organization，国际标准化组织）标准硬质合金刀片，其刀尖半径为标准系列，Mastercam 软件提供了所有的 ISO 规格；二是由于很多的生产单位使用手工修磨的焊接式硬质合金刀头刀具以及常用的自磨高速钢（白钢条）刀具，这些刀具的刀头宽度（切槽刀具）和刀尖半径的值都是非标准的，此时应修改 Corner Radius 的值，以与实际使用刀具刀尖半径相符。

在自动编程中，数控车削的刀具刀尖半径补偿的方式与数控铣削的刀具半径补偿方式一致（详见 2.3 节），这里不再赘述。需要说明的是，一般在数控车削的自动编程中，其粗加工时应使 Corner Radius 的值与实际使用刀具刀尖半径相符；在精加工时，选择使用 Control（控制器补偿）方式，Corner Radius 值的设置没有影响，而直接采用轮廓编程，并在后置处理的程序中自动输出 G41/G42 代码，以通过刀具补偿中的刀尖 R 值来修正加工余量和精度。

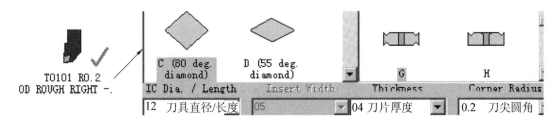

图 7-17 刀具刀尖半径的设置

7.5 普通阶梯轴、孔类零件的数控车削自动编程加工实例

在一般的数控车削类的零件中，以普通阶梯轴、普通内孔等形状最为常见，而从一端至另一端直径由小到大的轴孔类零件则是数控车削自动编程中的应用基础，在此基础上可以对外凹、内凹的各种轴、孔类零件进行加工。在数控车削的自动编程中，刀具的设置是非常重要的，不合适的刀具将会影响程序是否可以生成或者程序是否正确。以下将对这类零件的自动编程做一详细讲解。

对如图 7-18（a）所示零件进行数控车削自动编程实践（这里仅标出重要尺寸，其余忽略）。

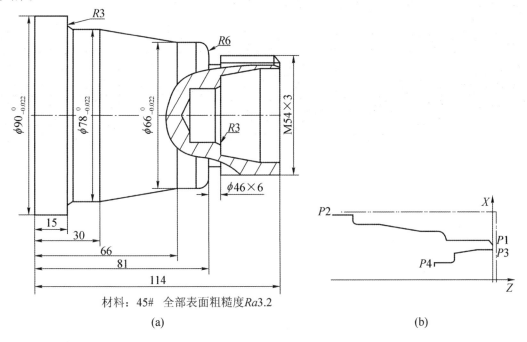

材料：45# 全部表面粗糙度 Ra3.2

(a)　　　　　　　　　　　　　　　(b)

图 7-18 数控车自动编程实践

（a）传动轴零件图；（b）转换后的加工图

1. 图纸分析和图纸转换

该零件为一普通轴类零件，材料为45#钢，无表面处理和热处理要求。外圆由圆弧、锥度、退刀槽、螺纹构成。根据图纸转换原则，该零件在Mastercam软件中只需要绘制出该零件外形的一半即可，如图7-18（b）所示。

内孔有光孔、锥度。由于该零件具有从右至左，外圆直径由小到大、内孔直径由大到小的统一特征，因此在Mastercam软件中可以采用普通的外圆车削，也可以采用循环编程。

2. 确定加工顺序及进给路线

加工顺序为先平端面，再车削外圆，最后车削内孔。

外圆加工：先平端面，然后遵循由粗到精、由近到远（由右到左）的原则，即先从右到左粗车各面（留0.5mm精车余量），然后从右到左精车各面，最后切槽、车削螺纹。

内孔加工：打中心孔、钻孔、粗镗孔、精镗孔。

3. 刀具选择及切削参数

刀具材料为W18Cr4V。将所选定的刀具参数填入数控加工刀具卡片中（见表7-1）。

表7-1 数控加工刀具卡片

产品名称或代号			×××××		零件名称		转接轴	零件图号	×××
加工顺序	序号	刀具号	刀具规格名称	切削深度/mm	进给量/(mm·min^{-1})	转速/(r·min^{-1})	加工表面		备注
外圆	1	T01	90°右偏车刀	2	30	400	平端面		
				2.5	40	400	粗车外轮廓表面		20×20
	2	T02	90°右偏车刀	0.2	25	800	精车外轮廓表面		20×20
	3	T03	切槽车刀	4	20	320	切$\phi46×6$槽		$B=4$mm 20×20
	4	T04	60°外螺纹车刀	1.95	3	400			
内孔	5	T05	$\phi3$ mm中心钻	5	50	1 200	打中心孔		
	6	T06	$\phi18$ mm钻头	30	30	230	粗钻孔		
	7	T07	粗镗孔车刀	1.5	40	400	粗镗孔		最小镗孔直径$\phi24$ mm
	8	T08	精镗孔车刀	0.2	20	800	精镗孔		
编制	×××	审核	×××	批准			×××	共 页	第 页

注：B代表切槽刀宽。

4. 自动编程操作及步骤

（1）按图7-18（b）及图纸尺寸在Mastercam车削软件中绘制和设置。

（2）按7.3节设置毛坯尺寸。其中，OD（外圆直径）的值为95 mm，Length（长度）的值为200 mm，Base Z（基准零点）的值为-198 mm，采用On left face（左装夹）方式加工。

（3）平端面。选择Toolpaths/Face（平端面）命令，系统将自动弹出平端面刀具参数及切削参数设置对话框，按表 7 - 1 设置刀具参数 T01，其切削参数按图 7 - 19 设置。

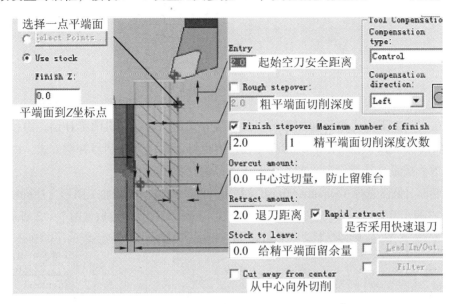

图 7 - 19　平端面切削参数的设置

（4）粗车外圆。选择 Toolpaths/Rough（粗车外圆）命令，从右 P1 点向左 P2 点串联后选择 Done（执行）命令，如图 7 - 18（b）所示，系统自动弹出刀具和切削状态对话框，仍然选择 T01 号刀具。粗车参数设置如图 7 - 20 所示，粗车刀具路径如图 7 - 21 所示。

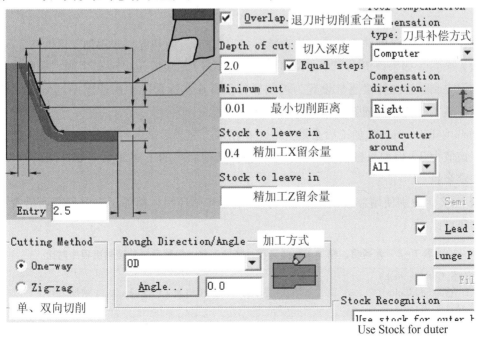

图 7 - 20　粗车参数设置

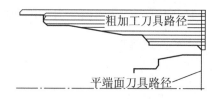

图 7-21 粗车刀具路径

注：在实际加工中，常将粗加工的刀具补偿方式定义为计算机内部补偿，由计算机自动计算按真实刀尖圆弧半径偏值后的刀具路径，但也可以定义为控制器补偿方式，由程序中的 G41/G42 指令按刀具补偿设置中的刀尖圆弧半径进行偏值路径。

（5）精车外圆。选择 Toolpaths/Finish（精车外圆）命令，串联加工图形方法同粗加工。建立新的 90°右偏车刀为 T02，设置刀具和切削状态对话框，其中切削参数如图 7-22 所示。

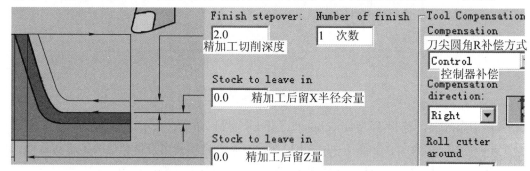

图 7-22 精车参数设置

注：此处吃刀深度并不是真正代表精车一刀 2 mm，而是远大于粗加工留的 0.2 mm（半径方向）余量。如果该值小于 0.2 mm（对本例而言），则需几次精车才能完成精加工。精车中的刀尖圆弧半径补偿通常设置为控制器补偿，在实际加工中由程序中的 G41/G42 代码按机床控制器中的刀尖圆弧半径真实值去自动偏值。

Stock to leave in（精加工后余量）表示在精加工完成后是否再留有余量再加工，一般情况下，该值为 0。但如果该轴在精车后还要进行其他后续的工序加工（如外圆磨），则仍需留有一定余量。

表 7-2 为分别使用普通粗、精加工自动编程和循环粗、精加工自动编程所后置处理输出的程序对比。

表 7-2　普通粗、精加工和循环粗、精加工自动编程后置处理输出程序对比

使用循环 Canned rough（粗加工循环）和 Canned finish（精加工循环）	使用普通 Rough（粗加工）和 Finish（精加工）		
%	%	G3X78. 4Z - 84. 2R. 4	X54. 166Z - 2. 917
O0001	O0002	G1Z - 96. 2	G3X54. 4Z - 3. 2R. 4
T0101M03	T11M03	G2X80. 722Z	G1Z - 32. 813

使用循环 Canned rough（粗加工循环）和 Canned finish（精加工循环）	使用普通 Rough（粗加工）和 Finish（精加工）		
G0X94. Z2.	G0X90. 18Z2.	– 98. 365R2. 6	G3X57. 805Z
Z1. 356	Z2. 7	G1X83. 55Z – 96. 951	– 33. 155R6. 4
G71U2. R1.	G99G1Z – 98. 925F. 2	G0Z2. 7	G1X60. 633Z – 31. 741
G71P100Q102U. 4W. 2F. 2	G3X90. 4Z – 99. 2R. 4	X71. 083	G0Z2. 7
N100G0X45. 054S295	G1Z – 113. 8	G1Z – 62. 215	X48. 166
G1X53. 883Z – 3. 059	X94.	X76. 902Z – 79. 674	G1Z. 083
G3X54. Z – 3. 2R. 2	X96. 828Z – 112. 386	X79. 731Z – 78. 26	X53. 985Z – 2. 827
G1Z – 33. 003	G0Z2. 7	G0Z2. 7	X56. 814Z – 1. 413
G3X66. Z – 39. 2R6. 2	X86. 361	X67. 263	G0Z1. 941
G1Z – 48. 183	G1Z – 98. 8	G1Z – 50. 757	X47. 883
X78. Z – 84. 183	X89. 6	X73. 083Z – 68. 215	G1Z – . 059
Z – 96. 2	G3X90. 4Z – 99. 2R. 4	X75. 911Z – 66. 801	X53. 883Z – 3. 059
G2X83. 6Z – 99. R2. 8	G1Z – 113. 8	G0Z2. 7	G3X54. Z – 3. 2R. 2
G1X89. 6	X92. 18	X63. 444	G1Z – 33. 003
G3X90. Z – 99. 2R. 2	X95. 009Z – 112. 386	G1Z – 35. 109	G3X66. Z – 39. 2R6. 2
G1Z – 114.	G0Z2. 7	G3X66. 4Z – 39. 2R6. 4	G1Z – 48. 183
N102X94.	X82. 541	G1Z – 48. 167	X77. 995Z – 84. 167
M99	G1Z – 98. 746	X69. 263Z – 56. 757	X78. Z – 84. 2
G0Z1. 356	G2X83. 6Z – 98. 8R2. 6	X72. 092Z – 55. 343	Z – 96. 2
X45. 054	G1X88. 361	G0Z2. 7	G2X83. 6Z – 99. R2. 8
G70P100Q102	X91. 189Z – 97. 386	X59. 624	G1X89. 6
M99	G0Z2. 7	G1Z – 33. 553	G3X90. Z – 99. 2R. 2
G0G40X120.	X78. 722	G3X65. 444Z	G1Z – 114.
Z150.	G1Z – 97. 101	– 36. 773R6. 4	X92. 828Z – 112. 586
M30	G2X83. 6Z – 98. 8R2. 6	G1X68. 272Z – 35. 359	G0G40X120.
%	G1X84. 541	G0Z2. 7	Z150.
	X87. 37Z – 97. 386	X55. 805	M30
	G0Z2. 7	G1Z – 32. 896	%
	X74. 902	G3X61. 624Z	
	G1Z – 73. 674	– 34. 214R6. 4	
	X78. 389Z – 84. 134	G1X64. 453Z – 32. 8	
		G0Z2. 7	
		X51. 985	
		G1Z – 1. 827	

（6）切槽加工。选择 Toolpaths/Groove（切槽加工）命令，取切槽位置右点 P，切槽选择方式如图7-23（a）所示。建立新的刀具宽度为 4 mm，切槽车刀为 T03，设置刀具和切削状态对话框，其中切削参数如图7-24所示。在实际切槽加工中，粗切槽加工方法一般有三种：一种为从中间向两边切；一种为从左向右切；一种为从右向左切，如图7-23（b）所示。一般选择为从中间向两边切。

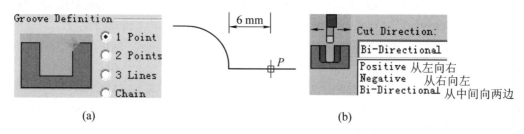

(a)   (b)

图 7-23　切槽加工

（a）切槽选择方式；（b）切削方向选择

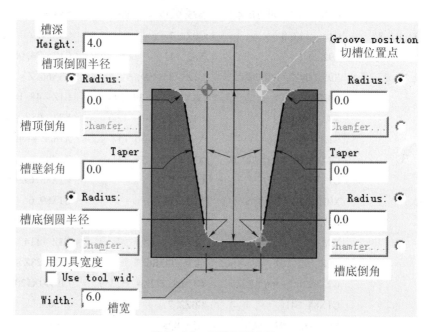

图 7-24　切槽切削参数

注：在切槽精加工中，如果该槽其中一边或者两边存在高于切槽位置点（如本例中左边的 R6 mm 圆弧部分）的部分，就必须将精车槽的引入/引出线角度修改为 -90°方向，如图 7-25 所示。否则将按照计算机默认 45°进行引入/引出而造成撞刀事故。

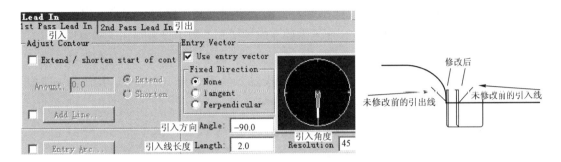

图 7 – 25　切入角度和方向参数

（7）螺纹加工。选择 Toolpaths/Thread（螺纹加工）命令，不需要串联任何曲线，系统会自动弹出刀具和切削状态对话框，选择 60°单齿螺纹车刀 T04。

注：此时的切削进给量即使输入数值也无意义，机床转速不能太高，否则机床将会报警停止程序运行。这是由于在螺纹切削时，转速和进给量成一定比例的保持关系，如果转速太高，实际机床进给量将会非常大而超过机床设定的最大进给量，仍然不足以满足导程要求，机床将拒绝车削，如螺距为 $F = 20$ mm，转速为 3 000 r/min 时，机床进给量将达到 60 000 mm/min，很多数控车床达不到该进给量。

设置螺纹形状参数和刀具路径分别如图 7 – 26（a）和图 7 – 26（b）所示，在选择螺纹的数控切削代码（G32/G92/G76）时，按图 7 – 26（c）选择。

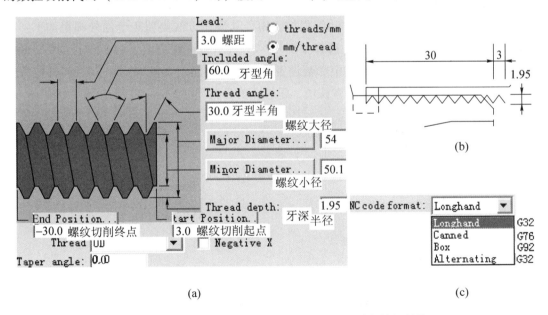

图 7 – 26　设置螺纹形状参数和刀具路径及螺纹的数控切削代码
（a）螺纹加工参数设置；（b）螺纹刀具路径示意；（c）螺纹切削代码选择

螺纹自动编程在实践应用中必须注意的是灵活配置螺纹切削的起点和螺纹切削的终点。

可以直接在图7-26（a）中将螺纹切削起点值人为设置远离图纸要求起点，螺纹切削终点值人为设置远离螺纹图纸要求终点，而不需要在螺纹精车参数中设置加速段和减速段。

（8）孔加工。选择 Toolpaths/Lathe drill（孔加工）命令，不需要串联任何曲线，系统自动弹出刀具和切削状态对话框，按表7-1分别设置刀具 T05 和 T06 参数，按图7-27设置钻削对话参数，其中 Depth 在 T06 中为底孔最终深度值。

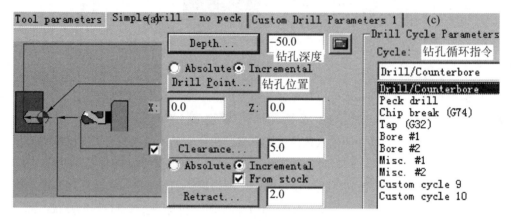

图7-27　孔加工参数设置

需要注意的是，在一般只能装四把车刀的经济型数控车床的普通刀架自动编程中，采用手工尾座装夹钻头钻孔，就不需要这一步的操作，而直接进行第（9）步操作。

（9）粗镗孔加工。在镗孔的自动编程加工中，其操作方法类似于普通外圆粗加工。串联如图7-28所示内孔加工路径，选择如图7-29所示粗镗孔刀具，刀尖半径为0.2 mm，其加工方向就会自动切换过来。其中参数设置为：精镗留加工余量 X0.4、Z0.2；补偿方式为计算机内部补偿，其余参数采用默认值，粗镗孔刀具路径如图7-30所示。

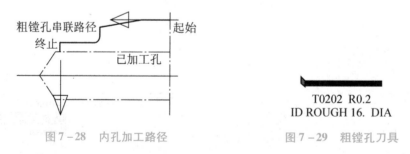

图7-28　内孔加工路径　　　　　图7-29　粗镗孔刀具

（10）精镗孔加工。精镗孔的自动编程加工方法类似于外圆精加工，同样串联如图7-28所示内孔加工路径，选择精镗孔刀具，刀尖半径为0.2 mm。其中参数设置为：精镗后留余量 X0、Z0；补偿方式为控制器补偿，其余参数采用默认值，精镗孔刀具路径如图7-31所示。

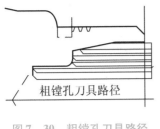
图 7-30　粗镗孔刀具路径

图 7-31　精镗孔刀具路径

5. 刀具路径校检

选择 Toolpaths/Opeartions/Verify 命令，进行模拟加工，效果如图 7-32 所示。

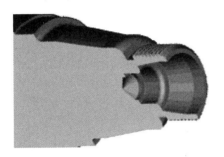
图 7-32　刀具路径校检效果图

6. 输出数控加工程序

选择 Post/change post，并选择"软件目录\Mill\PostsMPFAN. PST"后处理程序或自行修改好的后处理程序文件进行输出数控加工程序（程序略）。

7. 机床加工操作实践

（1）可以采用手工输入程序或用通信电缆将机床与计算机的 RS232 接口连接。

（2）运行计算机端传输软件 Winpcin，调出传输参数与机床端设置一致，将程序传输进机床存储器，对刀调试并将精车外圆刀和精车镗孔刀具的刀尖圆弧实际半径值输入到刀具形状补偿值 R 中，试切后即可进行加工。

7.6　内凹型轴、孔类零件的数控车削自动编程加工实例

7.6.1　内凹型轴类零件自动编程加工实例

在数控车削的自动编程实践中，对于外圆凹型零件的编程加工，不同的编程软件有不同的编程方法。在 Mastercam 软件车削的自动编程中，对此类凹型零件提供了两种编程方式，但这两种方式实现不同的指令编程。因此，对于凹型的深度不是太大的时候可以采用手工编程，以减少编程时间；但当凹型的深度较大时，应采用自动编程，以减少循环指令造成的空切削段，从而节省加工时间，提高加工效率。Mastercam 软件车削的自动编程所提供的这两

种编程方式分别为：

（1）使用普通外圆粗精车编程方法（Rough/Finish），输出代码为 G00/G01/G02/G03 指令组合。这种编程方法编制的加工路径为平行于 Z 轴的刀路，刀路在 X 轴方向扎刀切入，刀具路径图如图 7 - 33 所示。

（2）仿形外圆粗精车编程方法（Lathe cnned/Pattern repeat），输出代码为 G73 循环指令组合。这种编程方法编制的加工路径为平行于零件外形的刀路，刀路无扎刀，但在加工时有较多的空刀段，刀具路径图如图 7 - 34 所示。

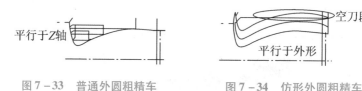

图 7 - 33　普通外圆粗精车　　　　图 7 - 34　仿形外圆粗精车

现以对如图 7 - 35 所示手柄零件自动编程加工为例进行说明。

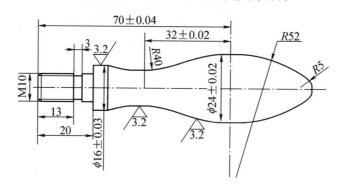

图 7 - 35　手柄加工零件图

1. 图纸分析和图纸转换

该零件为典型内凹轴类零件，材料为 $\phi28$ mm × 150 mm，45#钢，无表面处理和热处理要求。外圆由多段圆弧、直轴等构成。该零件在 Mastercam 软件中只需要绘制出该零件外形的一半即可，但由于在左端有螺纹，因此，图形应做适当变换，如图 7 - 36 所示。

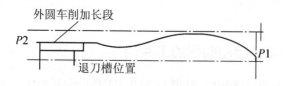

图 7 - 36　手柄零件图纸转换

2. 确定加工顺序及进给路线

加工顺序为：平端面→粗车外圆→精车外圆→切宽槽→切退刀槽→外螺纹→切断。

3. 刀具选择及切削参数

刀具材料为 W18Cr4V。将所选定的刀具参数填入数控加工刀具卡片中，见表 7-3。

表 7-3　数控加工刀具卡片

产品名称或代号			×××××		零件名称		手柄	零件图号	×××
加工顺序	序号	刀具号	刀具规格名称	切削深度/mm	进给量/(mm·min⁻¹)	转速/(r·min⁻¹)	加工表面		备注
外圆	1	T01	90°右偏车刀	2	30	400	平端面		20×20
	2	T02	35°右偏车刀	2	40	400	粗车外轮廓表面		20×20
	3	T02	35°右偏车刀	0.2	25	800	精车外轮廓表面		20×20
	4	T03	切槽车刀	4	20	320	切宽槽、退刀槽		20×20
	5	T04	60°外螺纹车刀	1.95	3	400	M10 外螺纹		

4. 自动编程操作及步骤

由于毛坯的设置及平端面操作方法在 7.5 节中已详细讲解，故这里不再赘述。

方法一：

（1）粗车外轮廓表面。选择 Toolpaths/Rough（粗车）命令，串联图 7-36 中的 P1 到 P2 点，按表 7-3 配置 35°右偏外圆车刀及部分刀具参数，在粗加工参数对话框中激活图 7-37 中的"引入/引出"项。

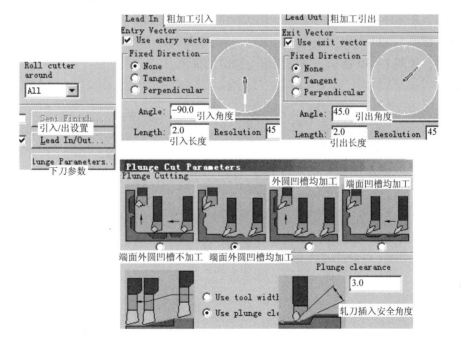

图 7-37　粗加工参数设置

参数设置，其中粗加工引入角度默认为非激活状态，必须将其激活。引入角度一般设置

为 −90°或者 −135°，否则将会产生轧刀且撞刀现象，如图 7 − 38 所示。在 Punge Cut Parameters（插入下刀参数）项中提供了 4 种切削方式，分别为端面和外圆内凹形均不加工、端面和外圆内凹形均加工、只加工外圆凹形、只加工端面凹形，根据实际零件形状选择合适的加工方式。该项参数在加工内凹形时必须选择。

图 7 − 38　不同切入角的刀具路径

（2）精车外轮廓表面。选择 Toolpaths/Finish（精车）命令，曲线的串联方法同第（1）步，Punge Cut Parameters（插入下刀参数）与粗加工方式一致。引入、引出设置可以采用默认的 180°和 45°。

方法二：

（1）仿形粗车外轮廓表面。选择 Toolpaths/Lathe cnaned/Pattern repeat（仿形粗车）命令，采用仿形粗车加工，其中 Stepover 为每次粗加工的切削深度，Number of pass 为粗加工次数，次数 × 每次切削深度即为总切削深度。参数 PERMANENTLY change to longhand 将强制把该仿形粗车加工的循环代码指令改变为 G00/G01/G02/G03 的组合代码。但要注意的是，其加工刀具路径不发生变化，即加工路径仍然为仿形切削，其参数如图 7 − 39 所示。需要注意的是，在实际编程加工中，由于退刀距离设置过小时，在刀具回退时会形成撞刀事故，因此，修改 Lead in/out（引入/引出线）中的 Add line（增加引入/引出直线）项的长度值和角度值，如图 7 − 40 所示，就可以避免撞刀的现象。

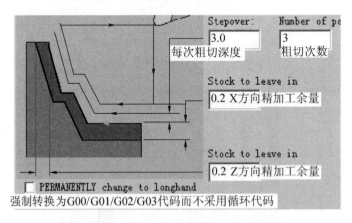

图 7 − 39　仿形粗车切削参数

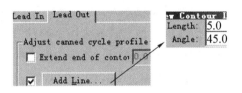

图 7 - 40　引入设置

仿形粗车加工刀具路径的优点是程序简单，采用循环编制，易于修改，其缺点是在加工中心容易出现多余的空刀段，而浪费加工时间，程序段见表 7 - 4。

表 7 - 4　仿形粗车加工和普通粗车加工程序区别

采用仿形粗车加工刀具路径及程序	强制仿形粗车加工刀具路径变为普通加工方法程序	

采用仿形粗车加工刀具路径及程序	强制仿形粗车加工刀具路径变为普通加工方法程序	
% O0000 T0202M03 G0X36. 218Z1. 242 G73U12. 218W1. 242R3 G73P100Q102U. 4W. 2F. 3 N100G0X - . 4S295 G3X8. 451Z - 2. 47R5. 2 X24. Z - 29. 878R52. 2 X17. 283Z - 48. 3R52. 2 仿形粗车循环 G2X12. 161Z - 62. 345R39. 8 X15. 981Z - 74. 526R39. 8 G3X16. Z - 74. 587R. 2 G1Z - 102. 987 N102X21. 236Z - 102. 85 G0X24. Z0. X - . 4 G70P100Q102 仿形精车循环 G0G40X120. Z150. M30 %	O0000 T22M03 G0X - . 4Z8. 2 G99G1Z6. 2F. 3 G3X19. 004Z. 786R11. 4 X36. 4Z - 29. 878R58. 4 X28. 885Z - 50. 488R58. 4 G2X24. 561Z - 62. 345R33. 6 X27. 786Z - 72. 628R33. 6 G3X28. 4Z - 74. 587R6. 4 G1Z - 97. 539 X31. 228Z - 96. 125 G0Z5. 2 X - . 4 G1Z3. 2 G3X13. 898Z - . 789R8. 4 X30. 4Z - 29. 878R55. 4 X23. 271Z - 49. 429R55. 4 G2X18. 561Z - 62. 345R36. 6 X22. 074Z - 73. 546R36. 6 G3X22. 4Z - 74. 587R3. 4 G1Z - 99. 498 X25. 228Z - 98. 084 G0X28. 6 Z2. 2 X - . 4 G1Z. 2 G3X8. 791Z - 2. 365R5. 4	X24. 4Z - 29. 878R52. 4 X17. 657Z - 48. 37R52. 4 G2X12. 561Z - 62. 345R39. 6 X16. 362Z - 74. 464R39. 6 G3X16. 4Z - 74. 587R. 4 G1Z - 102. 776 X21. 215Z - 102. 65 X24. 043Z - 101. 236 G0X27. Z2. X - . 4 G1Z0. G3X8. 451Z - 2. 47R5. 2 X24. Z - 29. 878R52. 2 X17. 283Z - 48. 3R52. 2 G2X12. 161Z - 62. 345R39. 8 X15. 981Z - 74. 526R39. 8 G3X16. Z - 74. 587R. 2 G1Z - 102. 987 X21. 236Z - 102. 85 X24. 064Z - 101. 436 G0X26. 6 G0G40X120. Z150. M30 %

（2）仿形精车外轮廓表面。选择 Toolpaths/Lathe canned/ canned Finish（仿形精车）命令，串联方法同上，设置刀具参数即可，该方式输出指令为 G70。

从上例可以看出，在采用数控车自动编程时，对于内凹零件，应根据不同数控系统采用不同方法，循环编程适用于 FANUC 0TD/0i、GSK 928/980T 等系统，强制仿形方法编程适用于 SIEMENS 等系统。

5. 切槽和螺纹加工步骤

同前类似，略。

7.6.2 内凹型孔类零件自动编程加工实例

在内凹型孔类零件自动编程的加工中，可以采用的编程方法与内凹型轴类零件自动编程加工类似，只是在选择的刀具上有所区别。内凹型孔类零件主要采用 35° 镗孔车刀，可以采用普通编程或者仿形编程，方法参照 7.6.1 节，读者可以进行实践加工，这里不再赘述。

7.7 调头配车削类零件的数控车削自动编程加工实例

常见的数控车削零件为从左到右直径逐渐增加的轴类零件，或者如 7.6 节所述的内凹型轴类零件，而对于需要调头车削的轴类零件，其自动编程的操作方法有所不同。但通过工艺分析及合适的加工方法，就可以转换成如前所述的加工形式。如图 7 - 41 所示为需调头车削的零件，在自动编程时的工艺分析如下所述。

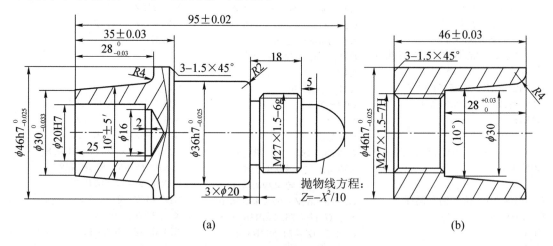

图 7 - 41   调头配车削类零件

(a) 件 1；(b) 件 2

（1）首先加工件 2。按尺寸在 Mastercam 软件中以右端面中心为编程坐标系原点进行普通轴类零件的加工。注：零件图绘制在 Mastercam 软件文件的图层 1。

（2）加工件 1 长度为 60 mm 的部分。以抛物线顶点为编程坐标系原点，以左端未加工长度为 35 mm 的部分为装夹部分。注：零件图绘制在图层 2。

（3）加工件 1 长度为 35 mm 的部分。以 ϕ30 mm 端面的中心为编程坐标系原点，以加工的 ϕ36 mm 轴为装夹部分。注：零件图绘制在图层 3，并进行配车。

Mastercam 软件中的加工图如图 7 - 42 所示。

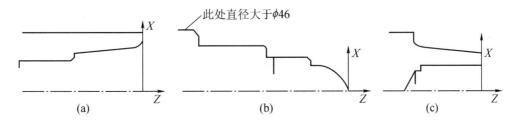

此处直径大于ϕ46

(a)　(b)　(c)

图 7 - 42　Mastercam 软件中的图形绘制方法

（a）件 1；（b）件 2 右部分；（c）件 2 左部分

需要注意的是：在进行调头车削的编程加工时，首先加工的一端（如加工件 2 右部分），其结束段必须大于图纸标注的加工尺寸，为调头后接刀留一定的余量。

在将该组合件分解后，按照本章所讲内容将其按单独零件逐个加工即可，此处不再赘述。

<h2 align="center">模拟自测题（七）</h2>

1. 数控车削自动编程并实践：加工如图 7 - 35 所示的手柄零件。

要求：分别采用普通粗、精车削方法和循环编程方法进行加工。

2. 数控车削自动编程与实践操作综合题：加工如图 7 - 43 所示的加工配合零件。

要求：

（1）写出加工工艺分析和加工路线。

（2）必须使用带有半径补偿功能的代码，以保证零件尺寸精度。

（3）写出加工所用刀具分析及切削参数。

（4）编制 CAM 程序。

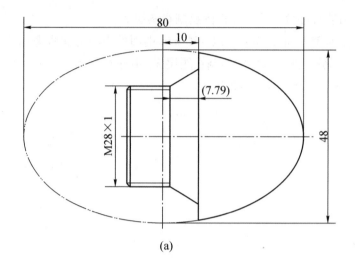

(a)

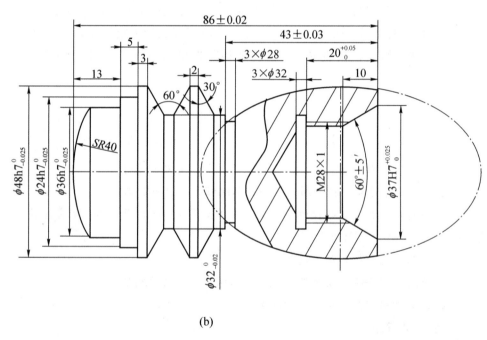

(b)

图 7 – 43　配合件的加工

（a）件 1；（b）件 2

［1］杨海东．CAD/CAM 软件应用．北京：中央广播电视大学出版社，2011．

［2］杨海东．数控机床 CAM 编程．北京：中央广播电视大学出版社，2005．

［3］张超英，谢富春．数控编程技术．北京：化学工业出版社，2004．

参考文献

REFERENCE